James O'Heare

Die Neuropsychologie des Hundes

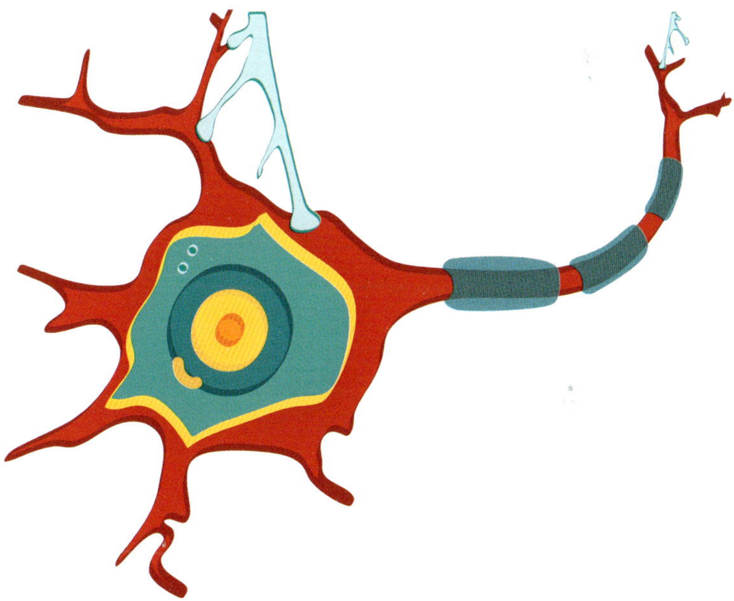

animal Learn®
VERLAG

7. Auflage, 2021

Titel der kanadischen Originalausgabe:
Neuropsychology in Dogs

ISBN 978-3-936188-46-2

Übersetzung ins Deutsche: Elke Franz
Lektorat: Martina Scholz
Illustrationen: Sonja Neumaier, Freiburg
Satz & Layout: Annette Gevatter, Riegel a.K.
Druck: FINIDR, s.r.o., Český Těšín, Tschechische Republik

animal learn Verlag, Am Anger 36, 83233 Bernau
email: animal.learn@t-online.de, www.animal-learn.de

Inhalt

Vorwort 5

Teil 1 Einführung in die Neuropsychologie des Hundes 9

Das Nervensystem 9

Neuronen 11

Das Gehirn 12
- Limbisches System 13
- Großhirnrinde 17

Limbisches System vs. Großhirnrinde (Gefühl vs. Kognition) 19

Neurotransmitter 21
- Dopamin 23
- Adrenalin und Noradrenalin 23
- Serotonin 24
- Glutamat & Gamma-Aminobuttersäure 25
- Endokrines System 26
- Cortisol & Hypothalamus-Hypophysen-Nebennierenrinden (HPA)-System 29

Stress, Angst, Unruhe 30
- Die Definition von Stress 30
- Disstress 31
- Akute Stressreaktion 32
- Chronische Stressreaktion 33
- Anzeichen für Stress und Disstress 35

Emotionen 43
- Gefühlsstadien und -kategorien 44
- Angst 47
- Wut 47
- Zusammenfassung 48

Teil 2 Neuropsychologisches Management (Stressabbau) 49

Ruhezeit 49

Ernährungsumstellung 51

Mentale Stimulation 57

Bewegung 59

Stressbewältigungsstrategien im Training 64

Medikamente und Nahrungsergänzungsmittel 66

Clomicalm® (Clomipraminhydrochlorid) 67

Elavil® (Amitriptylin) 68

Prozac® (Fluoxetin) 69

ProQuiet® (L-Tryptophan-Supplement) 69

5-HTP (5-Hydroxytryptophan) 70

Glutamine (Aminosäuren-Supplement) 71

Anmerkung zu Nahrungsergänzungsmitteln 72

Zusammenfassung 73

Gedanken zum Schluss 74

Quellenhinweise und weiterführende Studien 75

Vorwort

Verhalten ist das unmittelbare Ergebnis der inneren Verfassung in Verbindung mit Umwelteinflüssen, ein Zusammenspiel angeborener und auf Erfahrungen beruhender Umstände. Wie die Umgebung auf den Organismus einwirkt und wie dieser diese Einflüsse aufnimmt, ordnet, verarbeitet und auf sie reagiert, ist im Hinblick auf das Verständnis dafür, wie wir mit Hunden leben, sie trainieren oder wie wir ihren Verhaltensproblemen begegnen, von grundlegender Bedeutung. Hunde agieren innerhalb bestimmter biologischer Rahmenbedingungen und je besser wir diesen Prozess verstehen, desto effizienter und effektiver wird uns die Beeinflussung ihres gezeigten Verhaltens gelingen. Großes Augenmerk wird – zu Recht – auf Lerntheorien und die Verhaltensforschung gelegt, denn sie sind überzeugende Modelle zur Voraussage und Veränderung von Verhaltensweisen. Doch Lernen findet in Verbindung mit der Biologie statt und Grundkenntnisse über die Verhaltensbiologie sind deshalb ebenso von Bedeutung, da sie helfen, bestimmte Verhaltensweisen zu erklären und Methoden zur Verhaltensänderung zu entwickeln. Ich bin überzeugt, dass ein gutes, solides, grundlegendes Wissen sowohl über die Verhaltensbiologie als auch über die Gesetze der Lerntheorie von wesentlicher Bedeutung ist. Das eine sollte nicht zu Gunsten des anderen unter den Tisch fallen, sondern beide sollten verstanden werden, insbesondere in Bezug darauf, wie sie miteinander in Beziehung stehen.

Verhaltensforschung, Lerntheorie und Verhaltensbiologie als Basis der Entwicklung von Methoden zur Verhaltensänderung.

Die beiden wichtigsten Systeme, die in die Aufnahme von Reizen, deren Verarbeitung und die Reaktion auf sie involviert sind, sind eng miteinander verbunden. Eines davon ist das Nervensystem, zu dem das Gehirn, das Rückenmark und die Neuronen gehören und das auf das andere, das endokrine System einwirkt, welches hauptsächlich für die chemische Abstimmung im Körper verantwortlich ist. Dieses Buch beschäftigt sich mit der neurochemischen Basis des Verhaltens und wie wir unsere Kenntnisse über sie nutzen können, um Stress bei Hunden zu verstehen und zu reduzieren. Es bietet keine

Aufnahme und Verarbeitung von Reizen.

allumfassende Übersicht über sämtliche Systeme und Faktoren. Es konzentriert sich auf einige der wichtigsten, die für Aufnahme, Ordnung und Verarbeitung von Informationen sowie die Resonanz darauf verantwortlich sind. Wir werden uns zudem ausführlich mit dem Begriff Stress befassen. Stress ist die Reaktion eines Organismus auf die Anforderung, sich zu verändern oder anzupassen. Die Bedeutung des Begriffes Stress, wie er hier verwendet wird, unterscheidet sich nur wenig von der Bedeutung, die er im Volksmund hat. Stress liegt nahezu jedem Verhalten zu Grunde, da es sich um die Anforderung zur Anpassung sowie um die physiologischen Reaktionen auf diese Anforderung handelt. Bitte bedenken Sie: Stress ist mehr als nur eine leichte Unruhe zu verspüren. Das Wissen, wie ein Tier auf die Erfordernisse zur Anpassung reagiert, bildet den Kern für das Verständnis dafür, wie der Hund auf Reize im Allgemeinen reagiert. Stress ist die Basis von Input, da praktisch jeder Input Stress verursacht und das jeweilige Verhalten aus diesem Stress resultiert. Stress ist ein von Hundehaltern wie Trainern für gewöhnlich unterschätztes Thema, obwohl er allgegenwärtig ist und alle Trainingsbemühungen und -fortschritte beeinflusst. Er bildet die Grundlage des adaptiven Lernens, denn wären nicht gewisse Veränderungen erforderlich, gäbe es für einen Organismus keine Notwendigkeit, sich anzupassen.

Stress = Anforderung zur Anpassung; physiologische Reaktionen auf diese Anforderung.

Verhaltenstherapeuten und Hundetrainer machen sich das adaptive Lernen zu Nutze. Deshalb ist es von größter Wichtigkeit, soviel wie möglich darüber zu wissen, wie Stress das Verhalten beeinflusst. Die Aneignung grundlegender Kenntnisse darüber, wie der Organismus physiologisch auf Stress reagiert und über die vielen Ausdrucksformen von Stress, ist immens wichtig, wenn man mit Hunden leben und/ oder arbeiten möchte – seien es Haushunde, Arbeitshunde oder die Hunde von Haltern, die über Verhaltensprobleme klagen.

Einfluss von Stress auf hundliches Verhalten.

Dieses Buch bietet eine grundlegende Übersicht darüber, wie das Nervensystem und das endokrine System des Hundes arbeiten und wie das Thema Stress verstanden werden kann. Wenn Sie sich ein fundiertes Wissen über diese grundlegenden Prinzipien aneignen, werden Sie dazu in der Lage sein, den Zustand eines Hundes unter Stress einzuschätzen und mit ihm auf vernünftige und wissenschaftlich fundierte Weise zu arbeiten. Indem wir uns bei unseren Erkenntnissen zu diesem Thema auf wissenschaftliche Grundlagen stützen, können wir kurzlebige Theorien außer Acht lassen und einen wissenschaftlich vernünftigen Ansatz entwickeln, um gleich einer Vielzahl von Verhaltensproblemen bei Hunden zu begegnen.

Tatsächlich ist Stress die Ursache für die meisten Verhaltensprobleme. Er ist der Grund für die meisten Formen von Aggression, Angststörungen und Hyperaktivität. Jeder Trainingsplan für eines dieser Probleme muss unmittelbar auf Stress ausgerichtet sein und innerhalb der biologischen Rahmenbedingungen greifen, die hier erläutert werden.

Stress ist häufig die Ursache für Verhaltensprobleme.

Der zweite Teil dieses Buches zeigt verschiedene Möglichkeiten auf, wie Stress reduziert werden kann. Sie können in Verbindung miteinander oder auch einzeln betrachtet Anwendung finden, je nach dem wie es der Hundehalter oder der Verhaltenstherapeut für nötig hält.

Doch zunächst werfen wir einen Blick auf das Nervensystem im Zusammenhang mit der Aufnahme und Verarbeitung von Reizen sowie dem daraus resultierenden Verhalten. Anschließend beschäftigen wir uns ausführlicher mit dem Thema Stress. Zum Schluss wenden wir uns einigen der wichtigsten Möglichkeiten in Bezug auf die Stressminderung bei unseren hundlichen Gefährten zu.

Teil 1
Einführung in die Neuropsychologie des Hundes

Die Neuropsychologie ist die Wissenschaft von der Beziehung zwischen Nervensystem und Verhalten. Sie beschäftigt sich mit dem Gehirn und wie es auf das Verhalten Einfluss nimmt, denn das Gehirn beeinflusst andere Systeme im Körper und auch diese Einflüsse sind für die Neuropsychologie von Bedeutung.

Das Nervensystem

Zentralnervensystem

peripheres Nervensystem

Das Nervensystem ist für das Verhalten verantwortlich. Es besteht aus zwei Hauptbereichen: dem Zentralnervensystem (ZNS) und dem peripheren Nervensystem (PNS). Das ZNS umfasst das Gehirn und das Rückenmark, das PNS beinhaltet die Nerven und einige Sinnesorgane. Das PNS versorgt bestimmte Gehirnregionen mit Informationen, die dort interpretiert und ausgewertet werden. Das Gehirn übermittelt dann eine Rückmeldung an das PNS sowie an das endokrine System, welches für die chemische Koordination im Körper zuständig ist. Das PNS ist unterteilt in den zuleitenden Bereich, der sensorische Informationen transportiert, sowie in den ableitenden Bereich, der Impulse vom ZNS an die Muskeln und Drüsen übermittelt. Dieser ableitende Bereich ist wiederum unterteilt, und zwar in das somatische Nervensystem (SNS) mit den Nervenfasern, die vom ZNS zu den Zellen der Skelettmuskulatur führen, und das vegetative Nervensystem (VNS), das unwillkürliche Prozesse steuert. Das vegetative Nervensystem besteht aus dem sympathischen Nervensystem (Sympathikus) und dem parasympathischen Nervensystem (Parasympathikus). Der Sympathikus steuert die

vegetatives Nervensystem

Sympathikus

Parasympathikus

Mobilisierung von Energie und die Aktivierung der Körperfunktionen, die in Notsituationen zum Tragen kommen. Er beeinflusst Herzfrequenz und Blutdruck, bewirkt eine herabgesetzte Verdauungstätigkeit, eine erhöhte Atemfrequenz und macht den Körper bereit zu handeln, indem er die Sekretion von Adrenalin anregt und für eine Erhöhung des Blutzuckerspiegels sorgt. Der Sympathikus löst die Flucht- bzw. Abwehrreaktionen aus. Der Parasympathikus wirkt dem Sympathikus entgegen und bringt den Körper wieder ins Gleichgewicht. Lindsay schreibt, dass Hunde eine genetische Prädisposition zu gefühlsbetonter Reaktivität oder zum ruhigen, kognitiven Persönlichkeitstyp haben können. Er schildert, wie sie

Aufgaben von Sympathikus und Parasympathikus.

- sympathisch dominant (anfällig für gefühlsbetonte Reaktivität und biologischen Stress) oder
- parasympathisch dominant (ruhiger und anpassungsfähiger) sein können.

Er führt weiter aus, dass Hunde vom Typ des sympathisch dominanten Naturells eher dazu neigen, Verhaltensprobleme zu entwickeln (Lindsay, 2000, S. 80).

Kurz gesagt: Das Nervensystem ist zuständig für die Aufnahme und Verarbeitung von Informationen und für das daraus resultierende Verhalten. Es gliedert sich in verschiedene Bestandteile, die unterschiedlichen Zwecken dienen. Ein Hund kann von unterschiedlichen Teilen beeinflusst werden. Wenn ein Hund überwiegend vom so genannten Sympathikus beeinflusst wird, reagiert er gefühlsbetont und verfügt über eine niedrigere Stressreizschwelle, wohingegen ein Hund, der überwiegend vom Parasympathikus beeinflusst wird, emotional stabiler ist und über eine höhere Reizschwelle gegenüber Stressreizen verfügt.

Neuronen

Das Nervensystem besteht aus zwei verschiedenen Arten von Zellen: Neuronen und Gliazellen. Gliazellen haben lediglich ein Zehntel der Größe von Neuronen, sind jedoch auch zehn Mal häufiger vorhanden. Die Funktion der Gliazellen ist noch nicht vollständig erforscht, heute geht man jedoch davon aus, dass sie wichtiger sind als ursprünglich angenommen. Unser Hauptaugenmerk gilt jedoch den Neuronen. Sie sind das, was wir landläufig als Nervenzellen bezeichnen, und für den Empfang und das Senden von Informationen im Nervensystem zuständig. Neuronen beinhalten dieselbe Struktur wie die meisten anderen tierischen Zellen, obwohl sie eine besondere Funktion besitzen und eine besondere Form aufweisen. Sie verfügen über eine Membran, einen Zellkern, Mitochondrien, Ribosomen und weitere gewöhnliche Zellstrukturen. Neuronen

Aufbau eines Neurons.

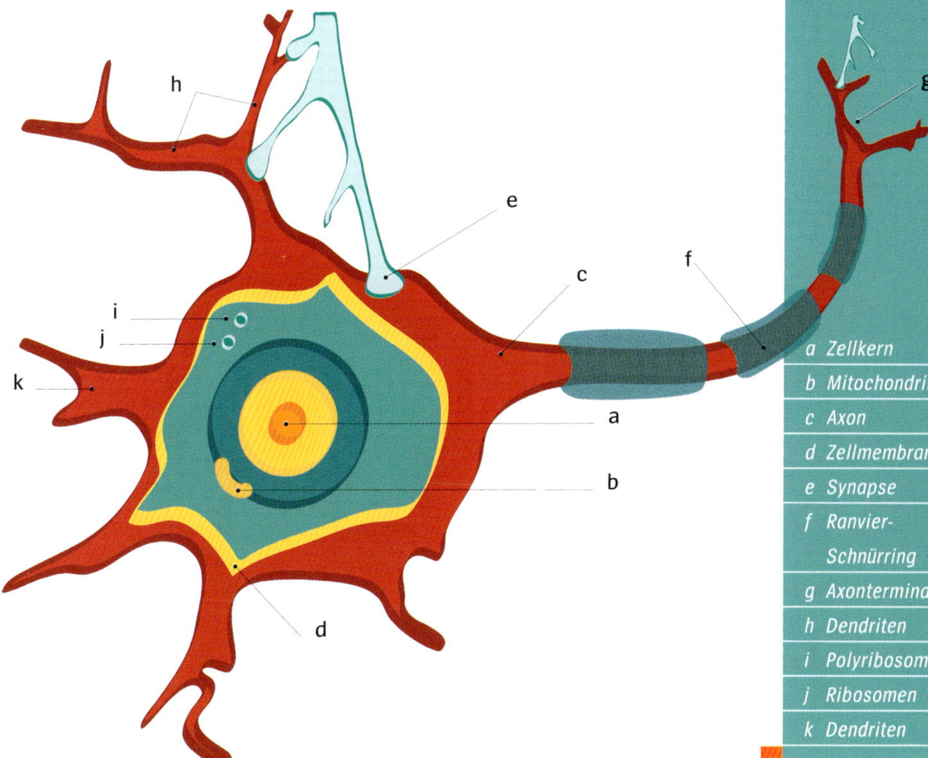

a Zellkern
b Mitochondrium
c Axon
d Zellmembrane
e Synapse
f Ranvier-Schnürring
g Axonterminale
h Dendriten
i Polyribosomen
j Ribosomen
k Dendriten

bestehen gewöhnlich aus drei Hauptbestandteilen: Soma, Dendriten und Axon. Das Soma ist der Zellkörper. Dendriten sind verästelte Fasern, die aus dem Soma entspringen und Informationen von anderen Neuronen empfangen. Das Axon ist eine lange, dünne Faser, die aus dem Zellkörper entspringt. Diese nimmt die von den Dendriten empfangenen Informationen aus dem Soma auf und leitet sie an andere Neuronen weiter. Die Dendriten empfangen also Informationen und das Axon sendet sie.

Soma, Dendriten, Axone.

Neuronen verbinden sich nicht direkt miteinander, sondern die Dendriten und Axone nähern sich einander an. Der zwischen ihnen verbleibende Raum wird synaptischer Spalt genannt. In diesen Spalt geben die Axone chemische Substanzen ab, die Neurotransmitter, die dann von den Dendriten eines benachbarten Neurons aufgenommen werden. Auf diese Weise werden Informationen von einem Neuron zum anderen transferiert. Die verschiedenen Neurotransmitter haben unterschiedliche Auswirkungen auf das Nervensystem und erzeugen somit unterschiedliche Formen der Veränderung, die zu ebenso unterschiedlichen Verhaltensreaktionen führen. Einige dieser Neurotransmitter und Veränderungen werden wir später besprechen, insbesondere wie sie mit Stress in Zusammenhang stehen.

Synaptischer Spalt, Neurotransmitter.

Das Gehirn

Vereinfacht ausgedrückt besteht das Gehirn aus Vorderhirn, Mittelhirn und Hinterhirn. Mittel- und Hinterhirn bilden den Hirnstamm, welcher die grundlegenden Lebensfunktionen wie die Herz-Kreislauf- und Atemaktivität steuert. Das Vorderhirn beinhaltet neben weiteren Strukturen das limbische System sowie die Großhirnrinde. Zum limbischen System gehören Amygdala, Gyrus cinguli, Fornix, Hippocampus, Hypothalamus, Riechhirn und Thalamus. Die Großhirnrinde bildet den äußeren Teil des Vorderhirns und besteht aus Frontallappen, Hinterhauptlappen, Scheitellappen und Schläfenlappen.

Aufbau des Gehirns.

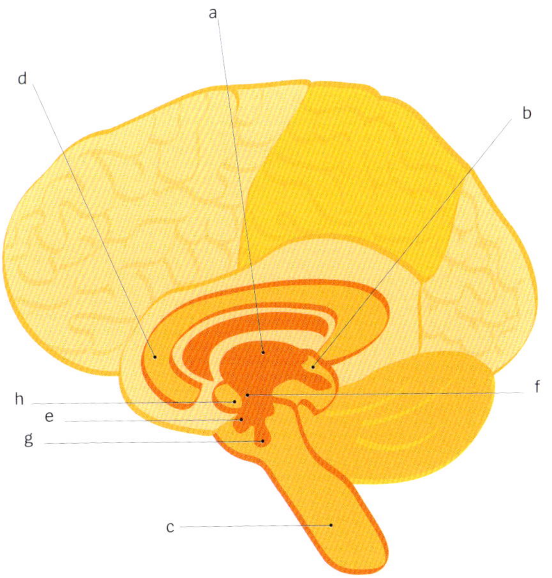

Aufbau des Gehirns:
- a Zwischenhirn
- b Mittelhirn
- c Hirnstamm
- d Limbisches System
- e Hypothalamus
- f Thalamus
- g Hypophyse
- h Amygdala

Limbisches System

Das limbische System besteht aus einem komplizierten Bereich neuraler Strukturen, die in erster Linie dem Ausdruck und der Wahrnehmung von Emotionen dienen. Zudem wird hier ein Teil des Lern- und des emotionalen Gedächtnisses koordiniert (Lindsay, 2000, S. 82).

Der Thalamus nimmt sensorische Informationen und emotionale Reaktionen auf und reguliert deren Verarbeitung durch den Körper, im limbischen System (Gefühlszentrum) und der Großhirnrinde (Wahrnehmungszentrum) (Lindsay, 2000, S. 78). Der Thalamus ermöglicht es dem Hund, sich selektiv auf eine Sache nach der anderen zu fokussieren bzw. zu konzentrieren (Lindsay, 2000, S. 79) und ist sozusagen ein Relais oder Vermittler.

Aufgaben des Hypothalamus.

Der Hypothalamus führt hauptsächlich regulatorische Funktionen grundlegender biologischer Abläufe wie Hunger und Durst sowie verschiedener homöostatischer Funktionen wie Blutdruck, Körpertem-

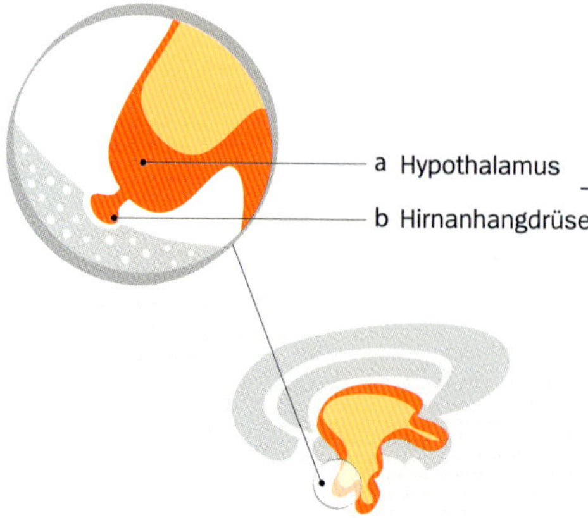

Aufbau und Funktionsweise des Hypothalamus.

peratur und Blutzuckerspiegel aus (Lindsay, 2000, S. 79). Er steuert das Essen, Trinken, die Körpertemperatur, das Fortpflanzungssystem (Strong, 1999) und das vegetative Nervensystem (Lindsay, 2000, S. 79). Er kontrolliert das endokrine System und ist außerdem zuständig für die Steuerung des Schlaf-Wach-Rhythmus (biology.miningco.com). Der Hypothalamus reguliert die Nervenaktivität von Sympathikus und Parasympathikus (Lindsay, 2000, S. 185). Er ist Teil der Hypothalamus-Hypophysen-Nebennierenrinden-Achse, die einen großen Einfluss auf die homöostatische Steuerung der Körperreaktionen bei Stress und Bedrohung hat (Lindsay, 2000, S. 185). Als eine weitere Funktion ist der Hypothalamus Bestandteil der negativen Rückkopplungsschleife für den Testosteron-Spiegel. Wenn der Testosteron-Spiegel sinkt, schüttet der Hypothalamus Gonadotropin-Releasing-Faktor (ein Freisetzungshormon) aus, was die Hirnanhangdrüse dazu veranlasst, ein luteinisierendes Hormon abzugeben, was wiederum zu einer vermehrten Testosteronproduktion der Hoden führt. Der Hypothalamus stellt die Produktion der Freisetzungshormone ein, wenn der Testosteron-Spiegel auf eine angemessene Höhe angestiegen ist (Lindsay, 2000, S. 185).

Hypothalamus-Hypophysen-Nebennierenrinden-System.

Die Amygdala, die zum limbischen System gehört, hat wesentlichen Anteil an der Entstehung von Angst und steuert die Aggression

(Lindsay, 2000. S. 83). Viele der Neuronen der Amygdala besitzen eine niedrige Reizschwelle und neigen zu Anfallsaktivität, was zu explosionsartiger Aggression führen kann (Lindsay, 2000, S. 84). „Die Untersuchungen aggressiver Personen unter Einsatz des Elektroenzephalogramms (EEG) haben eine abnorme elektrische Aktivität in der Amygdala erkennen lassen. Es scheint begründet anzunehmen, dass eine gewisse Anfallsaktivität im Mandelkern (Amygdala) zu erhöhter Aggressivität, Wachsamkeit, Ungeduld, Desorientiertheit sowie zu periodischer Zurschaustellung unangemessener, explosionsartiger Wut führen kann.“ (Lindsay, 2000, S. 84) Die Amygdala wurde sowohl mit Beutefangverhalten als auch mit der Hemmung oder Erregung anderer Formen von Aggression oder sozialen Verhaltens in Verbindung gebracht (Lindsay, 2000, S. 84). Sie spielt eine zentrale Rolle in Bezug auf das emotionale Lernen (Lindsay, 2000, S. 85). Sie ist ein Teil des limbischen Systems, der Überlebensmechanismen in Gang setzt, und beeinflusst bestimmte hormonelle Sekretionen (biology.miningco.com).

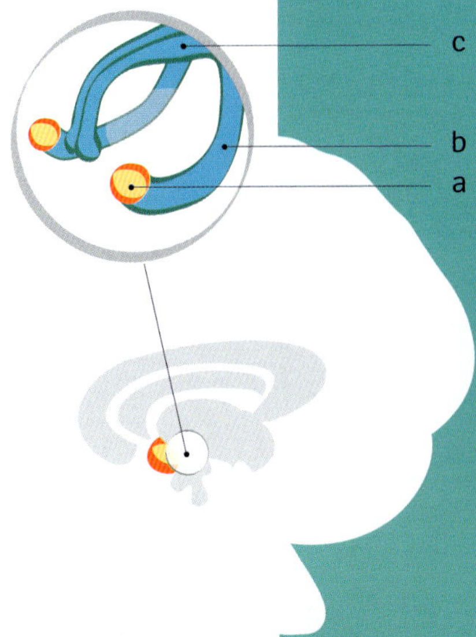

a Amygdala
b Hippocampus
c Fornix

Bei Menschen koordiniert der Gyrus cinguli den sensorischen Input mit Emotionen und die emotionalen Reaktionen auf Schmerz. Er steuert somit auch aggressives Verhalten (biology.miningco.com). Bei Hunden dient er vermutlich einem ähnlichen Zweck.

Der Hippocampus dient beim Menschen zur Festigung neuer Erinnerungen und Gefühle, Navigation und räumlicher Orientierung (biology.miningco.com). Bei Hunden dient er vermutlich einem ähnlichen Zweck. Zudem scheint er hier als neurale Basis für die Vermittlung niedriger Angstschwellen und anhaltender Stadien generalisierter Angst von Bedeutung zu sein (Lindsay, 2000, S. 192).

Bei Menschen dient der Fornix der Verknüpfung des Hypothalamus mit dem Großhirn (biology.miningco.com). Bei Hunden dient er vermutlich einem ähnlichen Zweck.

Das Riechzentrum dient beim Menschen der Wahrnehmung von Gerüchen, ihrer Identifikation und dem Empfang von Sinneseindrücken über den Riechkolben (biology.miningco.com). Bei Hunden ist dieser Bereich vermutlich von erheblich größerer Bedeutung als bei uns.

Kurz gesagt: Das limbische System ist eine Gruppierung von Gehirnteilen, die eine enge Beziehung zueinander haben. Sie wirken bei der Erzeugung von und beim Umgang mit Emotionen zusammen. Die Amygdala ist eines dieser Teile und in ihrer Funktion besonders wichtig, denn sie steht in engem Zusammenhang mit Angst und Aggression. Ein weiterer Teil, der Thalamus, ist der Vermittler zwischen dem gefühlsbetonten limbischen System und einem weiteren Teil des Gehirns, das rational ist und der Problemlösung dient, nämlich der Großhirnrinde. Der Hypothalamus gehört ebenfalls zum limbischen System und hat viele Aufgaben, unter anderem spielt er die Hauptrolle in Bezug auf die Kontrolle der Organe im Körper, die Hormone und andere Botenstoffe produzieren. Somit kann man den Hypothalamus als den Bevollmächtigten des Gehirns zur Kontrolle der Hormondrüsen bezeichnen.

Großhirnrinde

Die Großhirnrinde bildet die äußere Schicht des Gehirns, deren Entwicklung am längsten andauert. Man vermutet, dass die Großhirnrinde den Hauptsitz von Bewusstsein und Intelligenz darstellt. Sie vollbringt die komplexesten assoziativen Leistungen (Lindsay, 2000, S. 90) und ist federführend an der Ausführung kognitiver Aufgaben wie dem Lernen und dem Lösen von Problemen beteiligt (Lindsay, 2000, S. 91). Die eingehenden Informationen bahnen sich ihren Weg zum Präfrontalkortex, wo sie ausgewertet werden und über die daraus resultierende Vorgehensweise entschieden wird. Die Verhaltensweisen, die so zum Ausdruck kommen, umfassen arttypische Handlungsmuster. Der Präfrontalkortex nimmt diese Bewertung aufgrund der Lernhistorie vor (Lindsay, 2000, S. 91). Präfrontal- sowie Orbitofrontalkortex sind wahrscheinlich in die Steuerung von impulsivem Verhalten wie Panik und Aggression involviert (Lindsay, 2000, S. 92). Die Verbindung von Amygdala (dem Teil des Gehirns, der mit der emotionalen Impulskontrolle im Zusammenhang steht) zur Hirnrinde ist stärker als die Verbindung von der Hirnrinde zur Amygdala. Es wird vermutet, dass dies die Erklärung dafür ist, weshalb manche Hunde Angst- und Aggressionsimpulse scheinbar nicht vollständig kontrollieren können (Lindsay, 2000, S. 92).

Aufbau und Aufgaben der Großhirnrinde.

Die Hirnrinde ist in vier Hirnlappen unterteilt:

- Der Frontallappen oder Stirnlappen ist zuständig für Planung, Ausführung und Steuerung der Bewegung.
- Der Scheitellappen ist für die Übersetzung von sensorischen Informationen verantwortlich.
- Der Hinterhauptlappen übersetzt visuelle Informationen.
- Der Schläfenlappen wiederum übersetzt akustische Informationen und ist eng mit dem limbischen System verknüpft, somit werden hier auch bestimmte emotionale Informationen verarbeitet.

Hirnrinde mit vier Hirnlappen.

Die vier Großhirnlappen

a Stirnlappen
b Scheitellappen
c Hinterhauptlappen
d Schläfenlappen

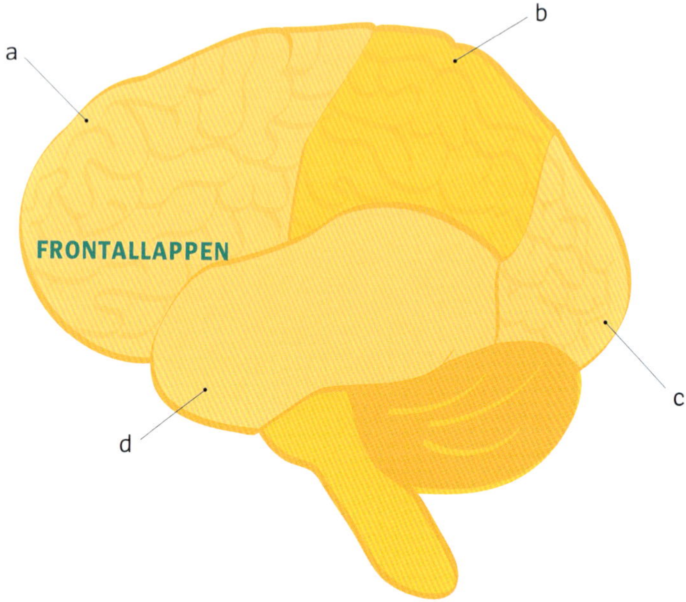

Kurz gesagt: Die Großhirnrinde bildet die äußere Schicht des vorderen Teils des Gehirns. Sie dient größtenteils dem Denken und der Problemlösung und bildet den rationalen Teil des Gehirns. Sie nimmt Informationen auf, setzt sie in Relation zu bereits gemachten Erfahrungen, prüft das limbische System auf Gefühle in Bezug auf die Informationen und entwickelt einen Plan für das weitere Vorgehen.

Limbisches System vs. Großhirnrinde (Emotionen vs. Kognition)

Von den Sinnesorganen aufgenommene Informationen und emotionale Wahrnehmungen fließen vom peripheren Nervensystem zum Thalamus. Vom Thalamus aus werden diese Informationen an die hinteren Hirnlappen zur Entschlüsselung weitergeleitet. Die Informationen werden dekodiert und das Gehirn überprüft sie anhand vorhergehender Lernerfahrungen auf ihre Wichtigkeit. Daraufhin werden sie an den Frontallappen weitergeleitet, wo ein Plan für das weitere Vorgehen entwickelt wird (Strong, 1999, S. 11). Das limbische System und die Großhirnrinde arbeiten gemeinsam an der Generierung einer endgültigen emotionalen und höheren kognitiven Reaktion. Informationen werden aufgenommen, geordnet, ausgewertet, verarbeitet und dann in Form von Verhaltensreaktionen ausgegeben, sei es als unwillkürlicher Reflex oder als willkürliche Handlung. Limbisches System und Großhirnrinde sind eng miteinander verbunden was das hundliche Verhalten und die sich daraus ergebende Vorgehensweise im Training betrifft.

Zusammenarbeit von limbischem System und Großhirnrinde.

Die Aktivitäten der Großhirnrinde und des limbischen Systems verhalten sich umgekehrt proportional zueinander. Ist der eine Teil aktiviert, wird der andere Teil unterdrückt oder gehemmt. Macht man eine intensive emotionale Erfahrung, neigt man also dazu, weniger klar denken und bewusste Handlungsentscheidungen treffen zu können. Umgekehrt wird jemand, der mehr von seiner Großhirnrinde Gebrauch macht und sich in einer analytischen oder vernunftbetonten Verfassung befindet, kaum übermäßig emotional werden. Dies ist eine außerordentlich wichtige Erkenntnis, denn sie hat unmittelbaren Einfluss darauf, wie wir Verhalten interpretieren und für welche Art und Weise der Verhaltensänderung wir uns entscheiden.

Aktivität von Großhirnrinde und limbischem System steht umgekehrt proportional zueinander.

„Unter dem schädlichen Einfluss von Stress verstärken sich jedoch die subkortikalen Aktivitäten, während gleichzeitig die dazugehörigen kortikalen regulatorischen Aktivitäten vorübergehend unterbrochen sind. Besonders akuter Stress hat einen stark erregenden Einfluss auf die Amygdala, die wiederum die Arbeit zahlreicher Vorbereitungssysteme koordiniert, die den Organismus bei bevorstehenden Notfallhandlungen mobilisieren. Während solch einer anstrengenden Aktivierung werden im Präfrontalkortex erhöhte Mengen an Norepinephrin (Noradrenalin) und Dopamin ausgeschüttet. Obwohl ein erhöhter Katecholamin-Ausstoß einen regulierenden Einfluss auf subkortikale Vorgänge zu haben scheint, hat die Ausschüttung dieser Neurotransmitter im Präfrontalbereich mit der vorübergehenden Unterbrechung ihrer effizienten Funktion einen gegenteiligen Effekt." (Lindsay, 2000, S. 112)

Stark emotionale Reaktionen verhindern effektives und effizientes Lernen.

Dies ist eine für das Training und die Verhaltenskorrektur von Hunden entscheidende Erkenntnis, die einen zentralen Aspekt dieses Buches darstellt. Wird es einem Hund ermöglicht, in stark emotionalen Reaktionen aufzugehen, wird er wahrscheinlich nicht effektiv und effizient lernen können. Dies hat unter anderem Auswirkungen auf den Umgang mit Trennungsangst und Aggression. Die Halter sollten also während der Verhaltenstherapie bei Hunden mit diesen Problemen sensibilisierte Reaktionen verhindern. Die Aufmerksamkeit auf eine Aufgabe im Bereich der Wahrnehmung zu richten kann dabei helfen, die Konzentration aufrecht zu erhalten und Stressreaktionen zu verhindern. Systematische Desensibilisierungsprogramme werden bestenfalls stark gestört und schlimmstenfalls zunichte gemacht, wenn der Hund die Möglichkeit erhält, überzureagieren.

Kurz gesagt: Das limbische System und die Großhirnrinde arbeiten zusammen, aber auch gegeneinander. Reagiert ein Hund emotional, ängstlich oder auf andere Weise gestresst, wird die Funktion der Großhirnrinde gehemmt und der Hund ist nicht in der Lage, rationale Handlungspläne zu entwickeln und geradlinig zu denken. Wenn wir die Großhirnrinde des Hundes jedoch beschäftigen, indem wir ihn dazu ermuntern, zu denken und Probleme zu lösen oder seine Aufmerksamkeit auf eine Aufgabe zu lenken, wird sein limbisches System in seiner Arbeit gehemmt und es ist weniger wahrscheinlich, dass der Hund problematische Emotionen verspüren wird. Dies bedeutet für uns, dass wir es vermeiden sollten, unsere Hunde in äußerst emotionale oder stressige Situationen zu bringen. Wir sollten das Umfeld eines Hundes so gestalten, dass er nicht übermäßig sensibilisiert wird, und gleichzeitig versuchen, ihm eine Aufgabe zu geben, auf die er sich konzentrieren kann. Der Hund erlernt dadurch geeignete Strategien, mit denen sich stressige emotionale Probleme meistern lassen.

Neurotransmitter

Das Nervensystem überträgt Informationen über die Nervenzellen (Neuronen) von einem Ort zum anderen. Zur Erinnerung: Neuronen bestehen aus dem Zellkörper und seinen Fortsätzen, den Axonen und Dendriten. Die Dendriten sind verästelte Fasern, die chemische Botschaften des Körpers empfangen und an das Gehirn weiterleiten (afferentes System). Axone, lange dünne Fortsätze, die den Neuronen entspringen, leiten die Botschaften vom Gehirn in den Körper (efferentes System). Axone und Dendriten berühren einander nicht. Der zwischen ihnen befindliche Spalt wird synaptischer Spalt genannt. Hier springen die Nervenimpulse von einem Neuron zum anderen über.

Neurotransmitter sind körpereigene Substanzen, die dazu dienen, Informationen von einem Teil des Nervensystems zum anderen zu übertragen.

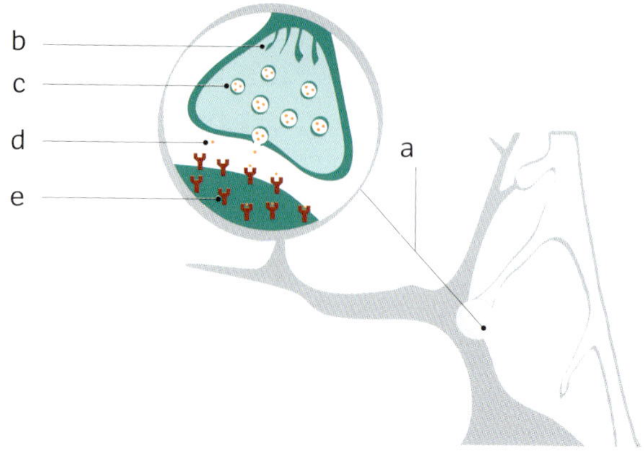

Austausch der Neurotransmitter über Synapse und Rezeptor.

a Synapse
b Microtubulus
c Synaptische Vesikel
d Neurotransmitter
e Rezeptor

Chemische Botenstoffe, die Neurotransmitter, wandern auf dem Weg zu ihrem Bestimmungsort von einer Zelle zur nächsten. Neurotransmitter enthalten und übermitteln Informationen. Sie stimulieren, hemmen oder regulieren die Aktivitäten anderer Neuronen. Neurotransmitter werden aus Vorstufen synthetisiert. Einige dieser Vorstufen kann der Körper selbst produzieren, andere muss das Tier über die Nahrung aufnehmen. Sobald ein Neurotransmitter seinen Zweck erfüllt hat, wird er entweder wieder von der Zelle aufgenommen (Resorption) oder abgebaut und dadurch deaktiviert.

Zu den wichtigeren Neurotransmittern gehören Dopamin, Norepinephrin (NE), Serotonin, Glutamat und Gamma-Aminobuttersäure.

Kurz gesagt: Neurotransmitter sind chemische Substanzen, die im Körper produziert werden und dazu dienen, Informationen von einem Teil des Nervensystems zum anderen zu schicken. Die Botenstoffe nutzen Nervenzellen zur Weiterleitung ihrer Informationen. Diese chemischen Substanzen haben Einfluss auf das Gehirn, was wiederum das Verhalten des Hundes beeinflusst.

Dopamin

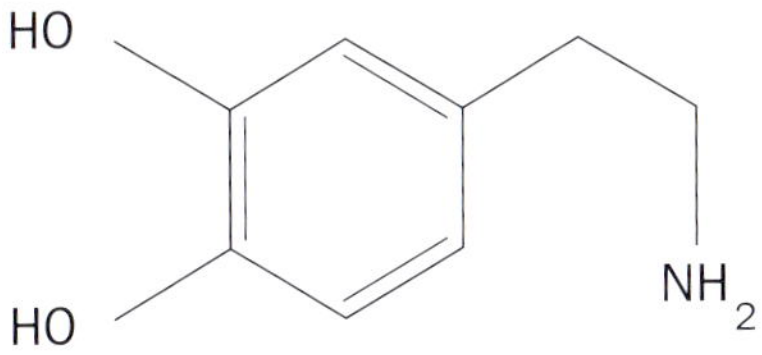

Dopamin

Von Dopamin weiß man, dass es an der motorischen Koordination, der Aufmerksamkeit, der Bestätigung und der Reaktionszeit beteiligt ist (Strong, 1999, S. 18). Ein Defizit an Dopamin kann zu Lernblockaden, Erregbarkeit, Ängsten und einer Abnahme der Endorphinproduktion, dem natürlichen Schmerzstiller des Hundes, führen (Strong, 1999). Dopamin hat Einfluss auf das Glückszentrum des Gehirns, so dass ein Mangel an diesem Neurotransmitter die Fähigkeit verringert, Lebensfreude zu empfinden. Ein zu niedriger Dopamin-Spiegel im Gehirn hat eine Abnahme der positiven Emotionen zur Folge (Lindsay, 2000, S. 78). Ein Überschuss an Dopamin begünstigt Unruhe, impulsives Verhalten sowie Reaktivität. Ein Hund, der von einem stark mit Dopamin angereicherten System gesteuert wird, neigt dazu, ständig in Schwierigkeiten zu geraten (Lindsay, 2000, S. 90).

Chemischer Aufbau und Aufgaben des Dopamins.

Adrenalin und Norepinephrin

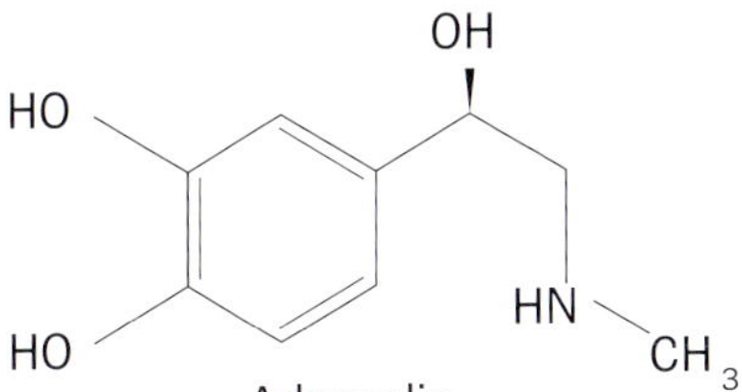

Adrenalin

Das Hormon Adrenalin wird in den Blutkreislauf ausgeschüttet, wenn der Hund Angst hat (akuter Stress). Das Herz schlägt schneller und der Blutfluss in der Haut und den inneren Organen wird zugunsten der Durchblutung der Muskeln gesenkt. Dies dient der Vorbereitung auf Flucht- oder Abwehrverhalten.

Chemischer Aufbau und Aufgaben von Adrenalin und Norepinephrin.

Norepinephrin (NE) oder auch Noradrenalin ist verwandt mit Adrenalin. Es ist unter anderem für die Regulierung des Energiehaushalts des Hundes verantwortlich. Bei einer verminderten Pro-

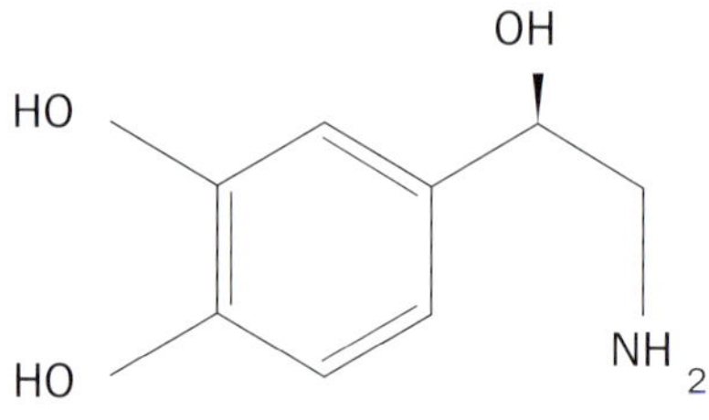

Norepinephrin

duktion von NE fährt der Körper seinen Energieverbrauch herunter. Lethargie und Depression des Hundes weisen auf eine Hemmung oder Erschöpfung von Norepinephrin hin. Der Körper kann unter dem Einfluss einer gehemmten NE-Produktion (chronischer Stress) nur eine gewisse Zeit funktionieren, bevor er vollständig abschaltet. Der Mangel an NE wird mit erlernter Hilflosigkeit in Verbindung gebracht (Lindsay, 2000, S. 78). Ein hoher NE-Spiegel führt zu Aggression, überschießender Erregung, impulsivem Verhalten sowie erhöhter Reizbarkeit. Traumata und Dauerstress führen zu einer Verringerung des NE-Spiegels (Lindsay, 2000, S. 78).

Serotonin

Chemischer Aufbau und Aufgaben von Serotonin.

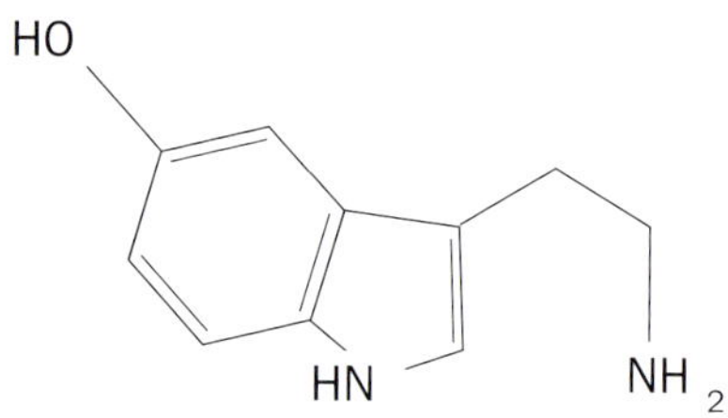

Serotonin

Serotonin steuert die Stimmungslage, das Schmerz- und Reizbarkeitsniveau. Ein niedriger Serotonin-Spiegel kann zu impulsivem, aggressivem Verhalten, beeinträchtigter Lernfähigkeit, Ängsten und Zwangshandlungen führen. Serotonin entsteht im Hinterhirn aus der Vorstufe Tryptophan, das über die Nahrung aufgenommen wird (Lindsay, 2000, S. 77). Serotonin ist ein integraler Faktor in Bezug auf die Steuerung und Hemmung von Wut und Aggression (Lindsay, 2000, S. 90 + 96). Eine verminderte Serotoninaktivität wird mit verstärktem aggressivem und impulsivem Verhalten bei Bedrohung oder Frustration in Verbindung gebracht (Lindsay, 2000, S. 90). Ein Überschuss an Serotonin im Gehirn wird von Neuronen aufgenommen und von einem Enzym, das als Monoaminooxidase (MAO) bezeichnet wird, aufgespalten (Lindsay, 2000, S. 96). Monoaminooxidase A (MAO-A) ist ein Enzym, das Serotonin und NE abbaut (Beaver, 1999, S. 156). Zumindest bei Menschen und Mäusen wird MAO-A mit aggressivem Verhalten in Verbindung gebracht (Beaver, 1999, S. 156). Serotonin steuert zudem den Schlaf-Wach-Zyklus. „Desweiteren mildert Serotonin die subjektive Wahrnehmung von Schmerz, der im Verlauf äußerster emotionaler Gemütsbewegungen wie Wut oder Aggression auftritt, wodurch sich auch der Wirkungsgrad von physischer Bestrafung in von emotional aufgeladener (affektiver) Belastung beherrschter Aggression abschwächt." (Lindsay, 2000, S. 96) Reisner und Kollegen haben 1996 festgestellt, dass Hunde, die Dominanzaggression zeigen (kontrollkomplex-bedingte Aggression), eine geringere Konzentration an Serotonin- und Dopamin-Metaboliten im Liquor (Hirn-Rückenmarksflüssigkeit) aufweisen. Wissenschaftliche Studien deuten darauf hin, dass Hunde, die ohne vorherige Warnung zubeißen, sowie Hunde, die, wenn sie denn beißen, dies sehr fest tun, sich in Bezug auf ihre Neurochemie von Hunden unterscheiden, die vor dem Zubeißen warnen und nicht so fest zubeißen. Die Vorwarner/ moderaten Beißer verfügen im Allgemeinen über eine ausreichende Versorgung mit Serotonin, während die andere Gruppe einen niedrigen Spiegel oder eine Erschöpfung des Serotonins aufweist (Lindsay, 2000, S. 98). Dies lässt darauf schließen, dass die erlernte Beißhemmung nicht der einzige bestimmende Faktor in der Entwicklung des moderaten Beißens ist, sondern dass hier zusätzlich die Gehirnchemie eine Rolle spielt.

Glutamat und Gamma-Aminobuttersäure

Aufgaben von Glutamat und Gamma-Aminobuttersäure.

Glutamat übermittelt Erregungsreize (Lindsay, 2000, S 94). Dagegen handelt es sich bei der Gamma-Aminobuttersäure um einen hemmenden Neurotransmitter, der andere Neuronen daran hindert, unkontrollierbar Signale abzufeuern. Niedrige Spiegel dieser Substanzen können mentale Instabilität verursachen. Glutamat und Gamma-Aminobuttersäure arbeiten als gegensätzliche Kräfte im Bereich der homöostatischen Steuerung des Nervensystems zusammen (Lindsay, 2000, S. 94). Ein Ungleichgewicht zwischen den beiden

Neurotransmittern führt dazu, dass die Nerven entweder unkontrolliert feuern oder aufhören, effektiv zu arbeiten. Offensichtlich handelt es sich hier um eine sehr wichtige Beziehung. Glutamat und Gamma-Aminobuttersäure werden aus Glutamin, einer nicht-essenziellen Aminosäure gebildet.

Kurz gesagt: Zu den wichtigsten Neurotransmittern gehören folgende: Dopamin beeinflusst die Aufmerksamkeit. Ein unausgewogener Dopaminspiegel führt zu Veränderungen des Verhaltens. Adrenalin wird unter anderem in den Blutstrom abgegeben, wenn der Hund sich erschrickt oder Angst hat. Es bereitet ihn darauf vor, Verhaltensweisen zu zeigen, die er braucht, um sein Überleben zu sichern. Es lässt ihn schnell handeln. NE steht in Verbindung mit dem Energiehaushalt. Ist der Spiegel zu hoch, zeigt der Hund Überreaktionen und Aggression. Ist der Spiegel zu niedrig, hat der Hund keine Energie und kann nicht zielgerichtet denken. Serotonin ist der Glücksbotenstoff und bewirkt, dass der Hund sich zufrieden und glücklich fühlt. Ein Mangel an Serotonin kann aggressives Verhalten hervorrufen. Glutamat regt das Gehirn an, wohingegen Gamma-Aminobuttersäure das Gehirn bremst. Beide arbeiten eng zusammen, damit das Gehirn in der genau richtigen Geschwindigkeit arbeitet.

Das endokrine System

Wie bereits erwähnt, arbeitet das Nervensystem eng mit dem endokrinen System zusammen, das für die Koordination der Botenstoffe im Körper verantwortlich ist. Das endokrine System besteht aus verschiedenen Drüsen, die unter der Regie des Hypothalamus Hormone absondern. Es ist hauptsächlich mit der homöostatischen Regulierung der Botenstoff-Produktion im Körper beschäftigt und tut dies, indem es Hormone ausschüttet, wenn sie benötigt werden, und deren Produktion drosselt, wenn dies nicht der Fall ist. Die Drüsen des endokrinen Systems verfügen nicht über Ausfüh-

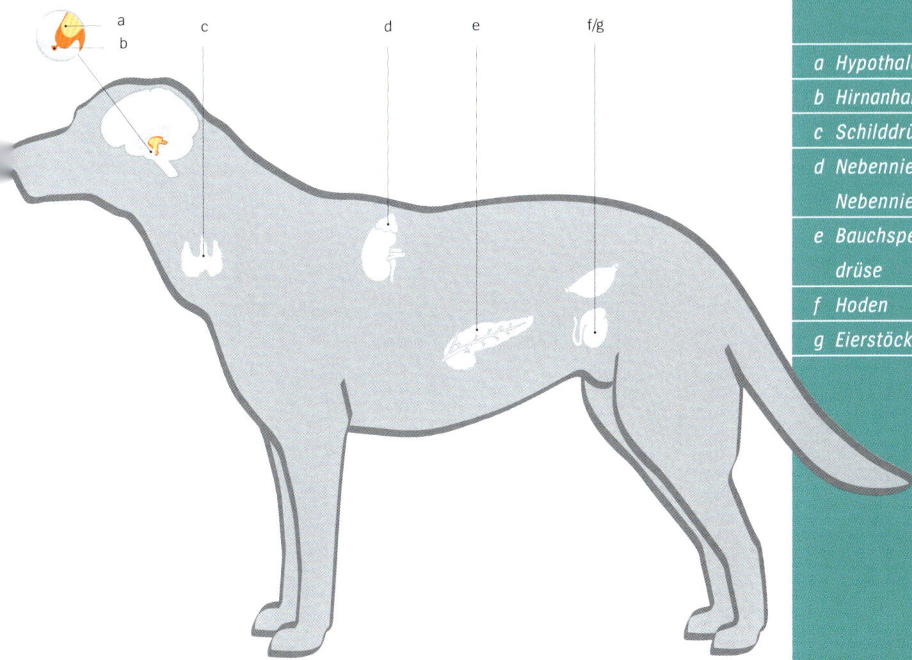

a Hypothalamus
b Hirnanhangdrüse
c Schilddrüse
d Nebenniere Nebennierenrinde
e Bauchspeicheldrüse
f Hoden
g Eierstöcke

Funktionsweise des endokrinen Systems.

rungsgänge, die in einzelne Organe münden, was bedeutet, dass die Hormone direkt in den Blutstrom abgegeben werden. Das Blut transportiert diese Hormone in alle Körpergewebe. Sie werden also nicht nur in die Organe transportiert, auf die sie wirken sollen. Nahezu alle Hormone haben ein bestimmtes Zielorgan und sie beeinflussen nur dieses, obwohl sie im gesamten Körper verteilt werden. Ein spezifisches Hormon wird also überall verteilt, wirkt aber nur auf ein Organ.

Der Hypothalamus befindet sich an der Basis des Gehirns. Er sendet Informationen an die in der Nähe befindliche Hirnanhangdrüse (Hypophyse). Nachdem die Hypophyse Releasing Faktoren (Freisetzungshormone) vom Hypothalamus empfangen hat, schüttet sie verschiedene Hormone aus, die die anderen endokrinen Drüsen dazu veranlassen, ihre Hormone ebenfalls abzusondern. Eines der wichtigen Hormone, die die Hypophyse ausschüttet, ist das

Wechselwirkungen der Hormone und Botenstoffe im endokrinen System.

Adrenocorticotropin (ACTH). ACTH stimuliert die Nebennierenrinde im Hinblick auf die Cortisol-Produktion. Cortisol spielt eine wichtige Rolle im Zusammenhang mit der Reaktion auf Stress. Ein weiteres von der Hypophyse ausgeschüttetes, wichtiges Hormon ist das luteinisierende Hormon (LH) oder Lutropin, das die Testosteron-Produktion der Hoden stimuliert. Testosteron wiederum beeinflusst das männliche Geschlechtsverhalten und kann Aggression regulieren. Bei weiblichen Tieren regt Lutropin den Eisprung an. Der endokrine Teil der Bauchspeicheldrüse gibt das Hormon Insulin ab, das für den Aufschluss und die Aufnahme von Glukose, also Blutzucker, zuständig ist. Die Insulinproduktion beeinflusst den Zugang der Neurotransmitter zum Gehirn, indem es einige konkurrierende Neurotransmitter aus dem Blut entfernt und gespeichertes Tryptophan freisetzt. Die Nebenniere besteht aus der Nebennierenrinde (dem äußeren Teil) und dem Nebennierenmark (dem inneren Teil). Die Nebennierenrinde produziert verschiedene Hormone, die Steroide genannt werden. Diese steuern den Glukosestoffwechsel, produzieren Geschlechtshormone und sorgen für einen ausgeglichenen Mineralstoffhaushalt. Eines der wichtigeren Hormone, die das Nebennierenmark produziert, ist das Adrenalin (auch Epinephrin genannt). Adrenalin gehört zu den maßgeblichen Hormonen, die mit dem Sympathikus zusammenwirken, um den Körper auf Notfallsituationen vorzubereiten.

Kurz gesagt: Das endokrine System ist verantwortlich für die Botenstoffe, die im Köper zirkulieren und andere Teile des Körpers beeinflussen. Der Hypothalamus, Bestandteil des limbischen Systems, steuert, wann welche Botenstoffe ausgeschüttet werden. Diese haben wiederum Einfluss auf das Verhalten. Manche, wie das Cortisol, bekämpfen Stress, während Testosteron Rüden männlicher agieren lässt. Adrenalin wird in einer der endokrinen Drüsen produziert und ist der Botenstoff, der den Körper auf Notfälle vorbereitet.

Cortisol & Hypothalamus-Hypophysen-Nebennierenrinden (HHN)- Achse

Cortisol

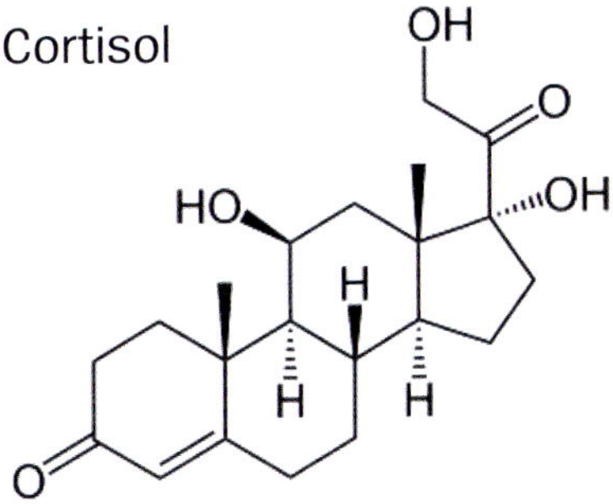

Cortisol ist ein Hormon, das unter der Einwirkung von Stress produziert wird. Die Ausschüttung dieses Hormons bereitet den Körper darauf vor, zu handeln.

„Unter Stresseinwirkung schüttet der Hypothalamus CRF (Corticotropin Releasing Faktor) aus, was der Hirnanhangdrüse signalisiert, ein Freisetzungshormon, das Adrenocorticotropin (ACTH) in den Blutstrom abzugeben. Das ACTH wiederum stimuliert die Nebennierenrinde zur Ausschüttung verschiedener Steroid-Hormone, darunter Cortisol. Cortisol dient mehreren biologischen Funktionen (Regulierung des Blutdrucks, des Glukosespiegels im Blut sowie der Beschleunigung der Aufspaltung von Eiweiß in Aminosäuren), was einem Tier dabei hilft, Stress, Verletzungen oder Abwehr erfolgreich zu bewältigen. Der Kreislauf der Cortisolausschüttung wird vollendet, wenn das Cortisol den Hypothalamus erreicht, wo es die CRF-Produktion drosselt und damit die ACTH-Produktion der Hypophyse hemmt. Der Rückgang des zirkulierenden ACTHs veranlasst die Nebennierenrinde dazu, Produktion und Ausschüttung von Cortisol zu vermindern. Dieses im Vergleich zu Sympathikus und Adrenalin langsamer reagierende stressaktivierte System ist bekannt als Hypothalamus-Hypophysen-Nebennierenrinden-Achse.“ (Lindsay, 2000, S. 79)

Aufgaben des Steroid-Hormons Cortisol.

Kurz gesagt: Cortisol ist sehr wichtig, da es unter anderem ausgeschüttet wird, um Stress zu bekämpfen.

Stress, Angst, Unruhe

Wir haben bereits festgestellt, dass eine signifikante emotionale Reaktion das klare Denken einschränken und zur Aktivierung des Notfallreaktions-Systems des Hundes, des Flucht- oder Abwehrverhaltens, führen kann. Im Folgenden untersuchen wir den Begriff Stress.

Die Definition von Stress

„Stress entsteht, wenn an den Hund die Anforderung gestellt wird, sich zu verändern oder anzupassen." (Lindsay, 2000, S. 109) Jede biologische oder psychische Anforderung führt zu Stress. Diese Anforderung muss nicht zwangsläufig aus einem aversiven Reiz bestehen, um Stress hervorzurufen. Wenn an ein Tier eine Anforderung gestellt wird, reagiert es darauf. Diese Reaktion erfordert Kraft und das Tier stellt sich auf den Energieaufwand ein. Diese Vorbereitung und Aktivierung von Ressourcen gehört zum Erleben von Stress. Stress kann von innen kommen, zum Beispiel wenn ein Tier über eine Anforderung nachdenkt, oder von außen, wenn irgendein Bereich der Umwelt Anforderungen an das Tier stellt. Minute für Minute werden neue Anforderungen an den Organismus gerichtet. Normale, gut bewältigte Stresssituationen werden als Eustress oder positive Stimulation bezeichnet. Stress kann aber auch schädlich sein, nämlich dann, wenn die Bewältigungsstrategien des Körpers überfordert werden. Dieser Stress wird als Disstress bezeichnet. Stress, der aversiv wahrgenommen wird, kann auch den Flucht- bzw. Abwehrmechanismus oder aversive Stressreaktionen auslösen.

Kurz gesagt: Stress bezieht sich nicht nur auf Dinge, die beunruhigen oder ängstigen. Er bezieht sich auf alles Innerliche und Äußerliche, das einen Einfluss auf das Tier ausübt und eine Reaktion erforderlich macht. Das bedeutet, dass in gewissem Sinne alle Dinge stressig sind. Einige sind stimulierend, andere hingegen aversiv. Insbesondere aversive Reize können zu viel Stress produzieren oder zu starke negative Auswirkungen auf das Tier haben.

Disstress

Disstress als schädliche Form des Stresses.

Mit Disstress wird der Zustand eines Tieres bezeichnet, das nur noch über unzureichende biologische Reserven verfügt, um die körperliche Belastung der Stressreaktion auszugleichen. Somit müssen Ressourcen umgeleitet werden, die eigentlich anderen biologischen Vorgängen vorbehalten sind (Moberg, 2000). Mit anderen Worten: Stress beansprucht biologische Ressourcen, und wenn Stress an Bedeutung gewinnt und Ressourcen von anderen biologischen Vorgängen wie zum Beispiel dem Wachstum abgezogen werden, wird er als Disstress bezeichnet. Disstress kann auch als Stress, der eine Verschlechterung des Wohlergehens des Tieres zur Folge hat, angesehen werden. In jedem Fall ist Disstress eine nicht alltägliche Form von Stress, die zudem schädlich ist.

Erbliche Komponente von Disstress.

Was Disstress in einem Tier im Vergleich zu einem anderen hervorruft (individuelle Unterschiede) wird größtenteils durch ererbte Merkmale des limbischen Systems und des vegetativen Nervensystems bestimmt (Lindsay, 2000, S. 185).

„Manche Individuen sind genetisch so disponiert, unter dem Einfluss limbischer Steuerung und parasympathischen Tonus (dominanter Parasympathikus) ruhiger und emotional ausgeglichener zu sein, während andere (dominanter Sympathikus) viel sensibler und stärker auf Schreck-Erstarren-Kampf-Stimulation reagieren, überemotional sind, dazu neigen, in negativen emotionalen Zuständen zu verharren, neurotischer Entwicklungen und Unausgeglichenheit unterliegen und für psychosomatische Erkrankungen anfällig sind." (Lindsay, 2000, S. 185).

Wahrscheinlichkeit einer genetischen Veranlagung für die Entwicklung von Aggressionsproblemen.

Manche Hunde verfügen wahrscheinlich über eine genetische Veranlagung, die die Entwicklung von Aggressionsproblemen begünstigt. Eine neue Studie (Bericht in Zipern, 2005) hat ergeben, dass es als Gegenspieler zum Kreislauf der Angst auch einen klar nachweisbaren Kreislauf für das Gefühl der Sicherheit gibt. Man fand heraus, dass das Gefühl, sich sicher und geborgen zu fühlen, nicht lediglich das Fehlen von Angst ist. Dies hilft uns dabei, das Verhältnis zwischen gegensätzlichen emotionalen Stimmungen zu verstehen, und kann es uns ermöglichen, eine Behandlungsmethode zu entwickeln, die sich nicht nur auf die Reduzierung von Angst und Disstress konzentriert, sondern ebenso auf das Steigern von Freude und Ruhe.

Akute Stressreaktion

Beim Erleben einer plötzlichen oder akuten Stress- oder Angstattacke wird die Amygdala mit Reizsignalen bombardiert, was wiederum den Rest von Körper und Geist dazu anregt, Notfallprozesse in Gang zu setzen. Wenn der Hund verängstigt ist, wird Adrenalin ins Blut ausgeschüttet. Das Herz schlägt schneller und die Durchblutung wird von Haut und Organen weg hin zu den Muskeln gelenkt, um Flucht oder Abwehr vorzubereiten. Im präfrontalen Kortex kommt es zur Ausschüttung von NE und Dopamin. Die gesteigerte Aktivität dieser Neurotransmitter im Präfrontalkortex bewirkt, dass die einwandfreie Funktion des Präfrontalkortex vorübergehend eingestellt wird, des Bereichs, der für das Lernen und höhere Denkprozesse verantwortlich ist. Zudem ist dieser Teil des Gehirns für das Abrufen früherer Lernerfahrungen, für die Impulskontrolle und die Reaktionshemmung zuständig. Dadurch sind Reaktionshemmung, Impulskontrolle und früher erlernte Bewältigungsmechanismen für den Hund nicht mehr (so einfach) zugänglich, was wiederum die Tendenz zu Flucht oder Abwehrverhalten begünstigt. Unter Stress ist die Aggressionsschwelle des Hundes herabgesetzt. Außerdem kann das limbische System diese Reaktionen noch verstärken. Akuter Stress stimuliert Körper und Geist, sich auf Flucht oder Kampf vorzubereiten und hebt zeitweilig das rationale Handeln auf.

Kurz gesagt: Wenn sich ein Hund unter dem akuten Einfluss von Stressreizen befindet, wird das Gehirn von verschiedenen Botenstoffen überflutet. In diesem Fall wird die Reaktions- und Aggressionsschwelle herabgesetzt. Desweiteren wird die Fähigkeit zu rationalem Denken und das Abrufen früher erlernter Bewältigungsmechanismen gehemmt. Der Körper ist in voller Alarmbereitschaft. Das wäre gut, wenn es sich tatsächlich um einen Ernstfall handeln würde, doch meist ist das nicht der Fall. Können Sie sich vorstellen, wie es ist, so zu leben? Die akute Stressreaktion fordert einen hohen Tribut von den Hunden.

Chronische Stressreaktion

Veränderung des Hormonhaushaltes bei chronischem Stress.

Viele Hunde stehen unter chronischem Stress. Im Zuge dieser Belastungsreaktion hält der Körper den Notfallstatus über einen längeren Zeitraum aufrecht (was vielfach zu Disstress führt) und verbraucht dadurch selbst die wertvollen Ressourcen seines Körpers, darunter auch die, die das Immunsystem beeinflussen. Das Gehirn speichert Serotonin, wandelt es in Melatonin um und wieder zurück in Serotonin. Diese Umwandlung lenkt den Schlaf-/ Wachrhythmus. Grundlegend mit einbezogen in diesen Prozess sind die Mechanismen zur Regulierung der Körpertemperatur, das Cortisol als wichtigstes stressbekämpfendes Hormon und der Verlauf der

Schlafphasen. Von besonderem Interesse ist für uns hier das Cortisol. Bei hoher Cortisol-Ausschüttung ist der Körper gerüstet, Stress zu begegnen. Während der Stress andauert, werden Serotonin, NE und Dopamin abgebaut. Die Reduzierung von NE mindert auch die Endorphinaktivität. Endorphine sind die schmerzstillenden Substanzen des Körpers. NE ist unter anderem für den Energiehaushalt des Hundes verantwortlich. Bei gehemmter NE-Produktion fährt der Körper seinen Energieverbrauch herunter, weshalb Lethargie und Depression bei einem Hund auf eine gehemmte NE-Produktion hindeuten können. Der Körper kann unter Einfluss einer gehemmten NE-Produktion nur eine gewisse Zeit arbeiten, bevor er völlig abschaltet. Dauert der Stress weiter an, führt der daraus resultierende Erschöpfungszustand zu einem gestörten Schlafrhythmus, zu Schwierigkeiten klar zu denken, zu einer gestörten rationalen Aktivität, zu Schmerzüberempfindlichkeit und zu mangelnder Fähigkeit, Belohnung oder Freude zu empfinden. Dies ist der klassische Disstress.

Kurz gesagt: Chronischer Stress kann durch den allmählich zunehmenden Einfluss eines Stressfaktors ausgelöst werden, oder wenn der Körper nicht in der Lage ist, eine akute Stressreaktion zu bewältigen. Im letztgenannten Fall findet die Ausschüttung der Botenstoffe, die die akute Stressreaktion beinhaltet, solange statt, bis diese Botenstoffe im Körper aufgebraucht sind. Bei einer chronischen Stressreaktion werden die Körperfunktionen heruntergefahren. Der Hund empfindet oftmals chronischen Schmerz und ist lethargisch. Hunde, die in einem Umfeld leben, in dem es häufig zum Einsatz aversiver Reize kommt, befinden sich oft dauerhaft in einer chronischen Stressreaktion.

Anzeichen für Stress und Disstress

Wenn ein Hund unter Disstress leidet, können sich die Folgen auf unterschiedliche Weise darstellen. Einige sind eventuell nur schwer festzustellen, andere sind dagegen unverkennbar. Manche Symptome stehen mit einer gesteigerten Aktivität und Reaktionsfähigkeit in Verbindung, andere mit einer Abnahme der Aktivität oder dem Abschalten. Tritt akuter Stress auf, übernimmt das Adrenalin die Hauptrolle und der Hund wird aufgeregt. Er gerät psychisch und physisch in höchste Alarmbereitschaft. Bei chronischem Stress (oder wenn dauerhaft akute Stressfaktoren auf den Hund einwirken) kommt dem Abbau von NE, Serotonin und Dopamin die größte Bedeutung zu und der Hund schaltet ab. In beiden Fällen leidet der Hund unter einer übermäßigen Stressreaktion.

Im Folgenden nur einige der vielen Anzeichen für Stress:

Schnelles, flaches oder tiefes, angestrengtes Hecheln

Hecheln ist bei Hunden normal, die gerannt sind oder denen heiß ist, doch dabei handelt es sich um eine tiefere Atmung mit entspannter Zunge. Bei Stress sind die Lefzen beim Hecheln zu einem breiten Grinsen zurückgezogen, was zudem zu einer Faltenbildung der Haut im Stirnbereich und unter den Augen führt. Das Hecheln muss in Zusammenhang mit der Situation und anderen Anzeichen für Stress betrachtet werden.

Mangel an Konzentration oder Aufmerksamkeit

Wenn der Hund nicht auf Kommandos hört, kann es sein, dass er zum Beispiel durch ein Eichhörnchen oder irgendetwas anderes stark abgelenkt ist. Es kann jedoch auch sein, dass er sehr gestresst ist, weshalb man auf den Gesamtzusammenhang achten muss. Ein Hund kann nicht gehorchen, während er sich in diesem Zustand befindet, denn er kann seinen Halter kaum hören, geschweige denn seine Aufmerksamkeit darauf richten, was dieser von ihm möchte. Er hat einen so genannten „Tunnelblick" und eine eingeschränkte Wahrnehmung, was es ihm unmöglich macht, auf seinen Halter zu reagieren. Können Sie sich an eine Situation erinnern, in der Sie so gestresst waren, dass Sie kaum noch klar denken und selbst einfache Aufgaben nicht bewältigen konnten? Kein schöner Zustand.

Schweißpfoten

Genau wie nervöse Menschen schweißnasse Handflächen bekommen, bekommen Hunde schweißnasse Pfoten. Man kann die Abdrücke sehen, wenn der Hund über einen Holz- oder Fliesenboden läuft oder wenn er vom Behandlungstisch des Tierarztes springt. Dies ist eine Folge der Reaktion des Körpers, Flüssigkeit auszuscheiden.

Gähnen

Hier handelt es sich um ein häufig vorkommendes und recht verlässliches Anzeichen für Stress. Wenn sich der Hund nicht gerade hinlegen möchte, um ein Nickerchen zu machen, steht dieses Gähnen für Stress. Es ist im Allgemeinen angestrengter als ein herzhaftes Gähnen aus Müdigkeit. Der Hund drückt dabei für gewöhnlich das Kinn an die Brust und gähnt intensiv, manchmal begleitet von einem Entkrampfen des Kiefers.

Hyperaktivität

Gesteigerte Aktivität kann bei einem stark gestressten Hund durch die instinktive Verteidigungshaltung entstehen. Er kann dabei hektisch oder panisch reagieren, es mag auch sein, dass sein Verhalten als Herumalberei oder simple Hyperaktivität zum Ausdruck kommt, aber genau das ist der Inbegriff von Stressaktivität. Diesen Zustand kann der Organismus nicht lange aufrecht halten, das System hat schließlich alle Reserven verbraucht und es setzt eine Stressreaktion ein, bei der die Aktivität stark nachlässt und der Hund irgendwann geistig völlig abschaltet.

Vermehrtes Urinieren und Koten

Wenn der Hund öfter uriniert und kotet als üblich, kann er unter einer Krankheit leiden – oder unter Stress. Wenn er sich im Haus löst, kann es sich dabei um ein Problem mit der Stubenreinheit, um eine Krankheit oder um ein Anzeichen für starken Stress handeln. Wenn der Körper unter Stress steht, hat das durch die Ausschüttung des Hormons Aldosteron Auswirkungen auf den Wasserhaushalt und der Hund verspürt einen sehr starken Drang zu urinieren oder zu koten, weshalb er sich auch im Haus löst, wenn er nicht anders kann. Dies ist ein Grund dafür, weshalb ein Hund unter keinen Umständen dafür bestraft werden darf, wenn er nicht stubenrein ist. Vielmehr muss die Ursache für dieses Verhalten gesucht werden, um dem Tier zu helfen.

Erbrechen und Durchfall

Stress richtet verheerende Schäden an Geist und Körper an. Das Verdauungssystem ist für gewöhnlich das erste System, das auf Stress negativ reagiert. Es gibt viele Gründe, weshalb ein Hund erbricht oder Durchfall hat. Diese können medizinischer Natur sein, aber in ganz vielen Fällen werden diese Symptome auch durch starken Stress ausgelöst.

Strecken

Wenn der Hund aufwacht und sich streckt, lockert er damit ganz einfach seine Muskulatur. Doch wenn er sich in einer Situation befindet, die er als belastend empfindet, kann er dadurch seinen Stress zum Ausdruck bringen, dass er sich ausgiebig streckt, zum Beispiel angesichts einer Menschenmenge oder anderer Hunde. Unter Stress neigt die Muskulatur dazu, sich zu verhärten, und das Strecken bietet dem Hund die Möglichkeit, verspannte Muskeln zu lockern.

Schütteln wie nach einem Bad

Gestresste Hunde versuchen, „den Stress abzuschütteln". Oft kann man das auf dem Trainingsplatz und in Hundeauslaufgebieten beobachten. Nach einer angespannten Begegnung oder Konfrontation unter Hunden kann man dieses Schütteln häufig sehen.

Verwirrtheit

Ein unter Stress leidender Hund verhält sich eventuell seltsam und konfus. Erinnern Sie sich an die eingeschränkte Aufmerksamkeit? Es kann sich dabei um ein medizinisches Problem wie einen Anfall oder einen diabetischen Schock handeln, es kann sich aber auch um ein Anzeichen für Stress handeln. In jedem Fall ist bei der Beurteilung dieses Verhaltens Vorsicht geboten.

Selbstverstümmelung

Dazu kann gehören, dass sich der Hund die Rute, die Pfoten oder die Flanken aufbeißt oder die Pfoten oder Genitalregion wund leckt. Dies ist ein verzwicktes Symptom, denn für Selbstverstümmelung kann es viele Gründe geben, darunter eine genetische Prädisposition oder ein medizinisches Problem (zum Beispiel eine Allergie). Eventuell wurde das Verhalten vom Halter unbewusst bestätigt oder es kann Teil einer echten Zwangsstörung sein. Der Hund könnte auch an einer Verletzung oder Erkrankung leiden, die an dieser Stelle Schmerzen verursacht. Eine Arthritis der vorderen Sprunggelenke führt bei betagten Hunden häufig dazu, dass sie sich die Vorderpfoten lecken oder beknabbern, bis sie schließlich wund werden. Ungeachtet der Ursache steht fest, dass ein Hund, der sich selbst verstümmelt, unter Stress steht.

Exzessive Körperpflege

Ein Hund, der sich übertrieben putzt, leckt gewöhnlich exzessiv an einer Stelle. Zu den bevorzugten Stellen gehören Pfoten, Flanken und Genitalien. Hierdurch können körperliche Erkrankungen wie Hautläsionen, Sekundärinfektionen, Pilzbefall usw. entstehen. Auch hier ist es wiederum möglich, dass dem Verhalten eine Verletzung, Erkrankung oder eine zwanghafte Störung zu Grunde liegt. Der wahrscheinlichste Übeltäter ist eine Allergie, doch auch Stress kann die Ursache sein.

Zwangshandlungen (Stereotypien)

Wenn ein Hund beträchtliche Zeit damit verbringt zu bellen, zu graben oder seinen Schwanz zu jagen, besteht die Möglichkeit, dass er unter äußerst starkem Stress leidet. Diese Verhaltensweisen können Strategien sein, die der Hund einsetzt, um den Stress unter Kontrolle zu bringen. Insbesondere, wenn diese Verhaltensweisen ohne offensichtliche Ursache länger andauern, kann Stress der Auslöser sein. Serotonin und andere Neurotransmitter werden mit Zwangsstörungen in Zusammenhang gebracht, was auf eine enge Verbindung zwischen Zwangshandlungen und Stressbewältigung hindeutet. Bestimmte Verhaltensweisen können unter Stressbelastung nach einer gewissen Zeit zwanghaft werden.

Übermäßiges Schlafbedürfnis

Manche Hunde sind träge. Bei einem Greyhound oder einer Englischen Bulldogge ist es normal, wenn diese bis zu 18 Stunden am Tag auf der Couch verbringt. Jeder Hund hat einen anderen Energielevel und so handelt es sich hier um ein schwer erkennbares Symptom, bevor nicht ein Stressabbau-Programm durchgeführt wurde. Viele Menschen stellen im Rückblick fest, dass ihr Hund abgeschaltet zu haben und energielos gewesen zu sein schien, bevor sie daran gingen, seinen Stresslevel zu senken. Dies ist ein eindeutiges Zeichen für chronischen Stress: Abschalten auf Grund der Erschöpfung des Serotonin-Haushalts. Es ist wichtig zu wissen, dass gestresste Hunde getrieben von der inneren Unruhe oftmals keinen wirklich erholsamen Schlaf finden, weshalb ihr Schlafbedürfnis übertrieben hoch ist.

Hyperaktivität oder Reaktivität

Wenn der Hund nicht entspannt liegen bleiben kann, wenn sich der Halter zum Beispiel von der Couch erhebt oder kurz aus dem Zimmer geht, kann das bedeuten, dass er übermäßig reaktiv ist. Wenn er bei der kleinsten Veränderung im Umfeld in Habachtstellung geht, kann er überdreht oder nervös sein. Dies kann mit unzureichendem Schlaf zusammenhängen.

Hautprobleme

Viele Menschen sind der Überzeugung, dass zahlreiche Hautstörungen wie Hot Spots („Heiße Flecken" – pyotraumatische Dermatitis) oder Allergien der physische Ausdruck von schwerem chronischem Stress sind. Sie haben festgestellt, dass Hunde mit diesen Leiden stark unter Stress stehen und dass diese so genannten Krankheiten verschwinden, sobald der Stress beseitigt wird, auch wenn keine andere medizinische Behandlung erfolgt. Es ist schwer, dies mit Sicherheit zu beurteilen, da es sich hierbei um ein typisches

„Henne-und-Ei-Szenario" handelt. Doch ganz gleich, was zuerst da war: Stress gehört dazu. Das soll nicht bedeuten, dass eine medizinische Behandlung von Hautproblemen unnötig ist, sondern dass es wichtig ist, gleichzeitig etwas gegen den Stress zu tun.

Störung des Immunsystems

Eine weit verbreitete Ansicht ist, dass Autoimmunerkrankungen mit chronischem Stress in Zusammenhang stehen. Es ist deshalb vernünftig, Maßnahmen gegen Stress in den Gesamtbehandlungsplan bei diesen Erkrankungen mit einzubeziehen.

Übermäßiger Durst

Ein Hund, der mehr trinkt als gewöhnlich, leidet möglicherweise unter einer Erkrankung, kann auf diese Weise aber auch versuchen, Stress zu lindern. Dabei kann es sich um eine umadressierte Frustrations- oder Zwangshandlung handeln, die mit Stress in Zusammenhang steht. Ich habe einen Hund gesehen, der in einer Stresssituation so lange Wasser trank, bis die Situation vorbei war, egal wie lange sie dauerte. War er ganz plötzlich durstig? Das bezweifle ich. Möglicherweise vermied er es dadurch, sich mit der Situation auseinandersetzen zu müssen. Vielleicht handelt es sich auch um ein Beschwichtigungssignal, ein Thema auf das wir noch zu sprechen kommen.

Steifheit des Körpers

Wenn der Hund gestresst ist, verspannt sich seine Muskulatur, was zu einem steifen Gangbild und ruckartigen Rutenbewegungen führt. Beim Streicheln des Hundes wird man feststellen, dass sich seine Muskeln sehr hart anfühlen.

Zittern

Viele Hunde, die unter extremem Stress stehen, zittern. Die Beurteilung der Gesamtsituation lässt erkennen, ob ihm kalt ist oder ob er unter Stress steht.

Übersprungshandlungen

Wenn man von einem stark gestressten Hund ein bestimmtes Verhalten verlangt, kann es passieren, dass er andere Handlungen ausführt, sofern man seine Aufmerksamkeit überhaupt lange genug auf sich ziehen kann. Dies ist ein Ausdruck von Verwirrtheit in Folge von Stress.

Soziales Konfliktvermeideverhalten

Hunde zeigen gewisse spezifische Verhaltensweisen, die einem anderen Tier mitteilen, dass sie weder mit ihm wetteifern noch es angreifen möchten. Hierbei handelt es sich nicht unbedingt um Unterwerfungsgesten. Mit einem potentiellen Konflikt konfrontiert zu werden ist ein Stressfaktor und man kann das Vorhandensein eines derartigen sozialen Stressfaktors daran erkennen, dass Hunde Beschwichtigungssignale zeigen. Einige dieser Beschwichtigungssignale sind im Folgenden aufgeführt. Manche dieser Verhaltensweisen stellen ferner Übersprungshandlungen dar.

- **Kopf oder Blick abwenden**
- **den Körper abwenden**
- **am Boden schnüffeln**
- **schnelles Lecken über den Fang (oft eidechsengleich)**
- **Einfrieren**
- **extrem langsame Bewegungen**
- **Hinsetzen oder Hinlegen**
- **Vorderkörpertiefstellung (verharrend in der Bewegung)**
- **Gähnen**

Emotionen

Viele Stressfaktoren haben Einfluss auf die Gefühle, die wiederum den Stresslevel beeinflussen. Im Folgenden möchte ich daher die verschiedenen Arten von Gefühlen näher beschreiben, insbesondere die, die auf den Stresslevel einwirken.

Zusammenhang zwischen Emotionalität und rationalem Denken.

Man ist sich allgemein darüber einig, dass Emotionen durch gedankliche Prozesse beeinflusst werden und umgekehrt. Früher dachte man, dass Emotionalität dem rationalen Denken abträglich ist, heute ist man hingegen der Ansicht, dass Verhalten ohne emotionale Bewertung und Gehalt inadäquat ist. Bei Studien an menschlichen Patienten, deren Hirnverletzungen eine emotionale Verarbeitung von Wahrnehmungen unmöglich machen, wurden Verhaltensweisen beobachtet, die rational nicht so ausfallen, wie zu erwarten gewesen wäre. Sie waren teilweise völlig unpassend und aus dem Zusammenhang gerissen. Emotionen sind allgegenwärtig und haben größten Einfluss auf das Verhalten, sie ermöglichen die Einschätzung von Dingen, Personen und Situationen, was es wiederum ermöglicht, auf diese sinnvoll zu reagieren. Somit können heftige emotionale Reaktionen den Wahrnehmungsprozess beeinträchtigen, andererseits ist ein gewisser emotionaler Informationsgehalt für rationales Verhalten unabdingbar.

Sympathikus und Parasympathikus.

Ein in biologischer Hinsicht interessanter Aspekt der Emotionen ist der, dass Gefühle im Sympathikus und Parasympathikus Reaktionen hervorrufen, die dann zu Verhaltensweisen führen, die wir mit Emotionen gleichsetzen können. Es existieren verschiedene Theorien zur Beziehung zwischen vegetativer Erregung und Gefühlen, von der bis jetzt keine endgültig ausgeschlossen werden konnte:

- Eine Theorie besagt, die vegetative Erregung entsteht zuerst und wir benennen den Sinneseindruck entsprechend der Art der Gefühle, die wir dabei empfinden.
- Eine andere Theorie besagt, dass Gefühle und vegetative Erregung gleichzeitig entstehen und nicht das eine das andere bedingt.

- In einer weiteren Theorie heißt es, die physischen Veränderungen vermitteln, wie stark die Emotion sein sollte, doch erst die kognitive Beurteilung informiert darüber, welches Gefühl der Situation angemessen ist.
- Eine weitere Variante geht davon aus, dass das, was ein Tier wahrnimmt, in zwei Systemen verarbeitet wird: Ein System identifiziert und unterscheidet die Informationen, das andere System bewertet ihre Bedeutung in emotionaler Hinsicht. Das heißt, dass das Tier das Ereignis in Bezug auf seine Merkmale identifiziert und gleichzeitig seine Bedeutung bewertet. Der Bewertungsprozess scheint eindeutig zwei Vorgänge zu beinhalten: Positivierung und Negativierung.

Auf jeden Fall scheint klar zu sein, dass wohl eher eine vielschichtige als eine einfache, lineare Beziehung zwischen physischen Veränderungen und Emotionen besteht.

Emotionale Stadien und Kategorien

„Gib Acht!"-Phase

Das erste Stadium der emotionalen Auswertung ist die „Gib Acht!"-Phase. Dies ist ein Zustand verstärkter Erregung des Nervensystems im Falle eines potenziell bedeutsamen Ereignisses (Siegel, 1999).

Handlungsphase

Innerhalb von Mikrosekunden verarbeitet das Gehirn des Tieres das Ereignis und aus „Gib Acht!" wird „Handle!" Wird ein Ereignis für negativ befunden, wird das Meide-/ Fluchtverhalten aktiviert. Wird das Ereignis positiv bewertet, kommt das Annäherungs-/ Erkundungsverhalten zum Zuge. Aus der Botschaft „Handle!" ist nun „Dieses wichtige Ding ist schlecht! Pass auf!" oder „Dieses wichtige Ding ist gut! Untersuch es!" geworden (Siegel, 1999). Ein einziges Ereignis kann auch widersprüchliche Bewertungen hervorrufen. Dies nennt man einen Annäherungs-/ Meide-Konflikt.

Diese grundlegendsten Emotionen werden Primäremotionen genannt. Sie entstehen ohne Sprache und oftmals unterbewusst

(Siegel, 1999). Alle Tiere können dieses emotionale System nutzen, dennoch sind diese Emotionen vielschichtig und ihre Wahrnehmung reicht von subtil bis intensiv.

Ob ein bestimmtes Ereignis positiv oder negativ eingeschätzt wird, hängt von einem sehr komplexen Bewertungssystem ab. Kaltes Wasser kann abhängig davon, wie warm die Umgebung oder wie durstig der Hund ist, als gut oder schlecht bewertet werden. Ob Futter für gut oder schlecht befunden wird, ist davon abhängig, wie hungrig der Hund ist und welche Erfahrungen er mit dem Futter gemacht hat. Die Bewertung steht auch im Zusammenhang mit der dem Hund eigenen Sensibilität sowie seinen emotionalen Erfahrungen in Bezug auf Reize, die er bis dahin gemacht hat. Die jeweilige Beurteilung, wie gut oder schlecht eine Sache ist, kann ein sehr komplexer Vorgang sein.

Klassifizierung der emotionalen Eindrücke.

In der dritten Phase der emotionalen Verarbeitung schafft die Differenzierung der emotionalen Eindrücke eindeutigere Kategorien emotionaler Stadien. Dies ist die Klassifizierung der emotionalen Eindrücke, eine Interpretation der präverbalen Empfindungen. Die Basisemotionen sind im Vergleich zum nächsten Stadium noch relativ einfach, dennoch dynamisch und reichhaltig. Sie beinhalten Basiskategorien emotionaler Reaktionen, die keiner großen kognitiven Verarbeitung bedürfen (Siegel, 1999). Dazu gehören Erfahrungen wie Freude, Wut und Angst.

Die nächste Stufe der weiteren Differenzierung und Kategorisierung von Basisemotionen führt zu den eindeutigen Emotionen. Wir denken über die Basisemotionen und die Situation nach, ziehen bestimmte Rückschlüsse und in unserem Geist bildet sich ein komplexes Modell hinsichtlich der Wertigkeit der Situation für uns.

Eindeutige Emotionen.

Wir erdenken diese eindeutigen Emotionen. Beispiele hierfür sind Eifersucht oder Verachtung. Manche wissenschaftlichen Kreise sprechen Tieren – im Gegensatz zum Menschen – die Fähigkeit ab, sich einer Sprache zu bemächtigen. Daher gehen diese Kreise davon aus, dass nicht-menschliche Tiere dieser höchst fortgeschrittenen, auf Sprache basierenden Entwicklung von Emotionen nicht fähig sind und bezweifeln zum Beispiel, dass Hunde schadenfroh sein können.

Eine andere Reihe emotionaler Prinzipien, die es zu verstehen gilt, sind positives Abwägen und negative Voreingenommenheit. Positives Abwägen bedeutet, dass Tiere hinsichtlich eines Reizes zu einem gewissen Optimismus neigen, wenn alle anderen Bedingungen entsprechend sind. Ohne diese Tendenz zum Optimismus würden sich Tiere nicht an potenzielle Quellen für neues Futter, Unterschlupf, Sozialkontakte oder andere Notwendigkeiten annähern. Andererseits bewirkt die negative Voreingenommenheit, dass Tiere auf ein mäßig negatives Ereignis intensiver reagieren als auf ein mäßig positives Ereignis. Diese Prinzipien machen Sinn, denn es hat den Anschein, als sei es im Sinne der Anpassung ebenso von Vorteil im Allgemeinen optimistisch zu sein, wie auf potenzielle Gefahren stärker zu reagieren als auf positive Ereignisse.

Angst

Angstreaktionen sind bei Hunden weitgehend dasselbe wie extreme Stressreaktionen. Die Notfallreaktions-Mechanismen von Geist und Körper sind aktiviert und ein hoher Stresspegel führt zu einem chemischen Ungleichgewicht im Gehirn.

Wenn bei einem Hund Angst ausgelöst wird, wird der Reiz vom Thalamus weitergeleitet, wodurch die Amygdala damit beauftragt wird, den Hypothalamus anzuweisen, Corticotropin Releasing Faktor (CRF) auszuschütten. Das CRF regt die Hirnanhangdrüse zur Ausschüttung von Adrenocorticotropin (ACTH) an. ACTH ist ein Hormon, das auf die Nebennierenrinde einwirkt, was wiederum die Ausschüttung verschiedener Steroide auslöst. Diese Steroide regen das Notfallreaktions-System des Körpers an. Cortisol gehört zu den Steroiden, die in dieser Kette von Reaktionen ausgeschüttet werden. Cortisol dient, wie bereits erwähnt, dazu, den Hund auf im Notfall erforderliche Handlungen vorzubereiten (Lindsay, 2000, S. 109).

Wut

Wut gleicht der Angstreaktion, nur: „Im Gegensatz zu der von Adrenalin unterstützten Flucht- oder Abwehrreaktion, die die Angst kennzeichnet, steht Wut im Zusammenhang mit der Ausschüttung sowohl von Adrenalin als auch einem weiteren Hormon, dem Noradrenalin bzw. Norepinephrin (NE).“ (Gale Encyclopedia of Psychology)

Kurz gesagt: Emotionen stehen mit dem Stresspegel in Zusammenhang. Es gibt verschiedene Arten von Emotionen, darunter einfache, die dem Tier helfen festzustellen, was gut und was schlecht für es ist und vielschichtigere, die mehr Denkleistung erfordern. Hunde sind in jedem Fall zur Wahrnehmung der einfacheren Emotionen fähig. Wird einem Hund Angst eingejagt, wird das Gehirn aktiviert und Botenstoffe durchfluten Körper und Gehirn, was beim Hund zu einer akuten Stressreaktion führt und ihn handlungsbereit macht. Nochmals: Angst fordert vom Hund einen hohen Tribut. Wut ähnelt der Angst, es sind jedoch noch einige andere Botenstoffe involviert.

ZUSAMMENFASSUNG

Nervensystem und endokrines System interagieren, um sensorische Erfahrungen aufzunehmen, zu ordnen und in brauchbare Daten umzuwandeln. Daraufhin führt das Nervensystem eine Reaktion aus, die das endokrine System dazu veranlasst, Botenstoffe auszuschütten, um die Entwicklung effektiverer Überlebensstrategien zu unterstützen. Dies ist ein permanenter Prozess, der von einem homöostatischen Rückkopplungssystem gesteuert wird. Die einzigartige Beziehung zwischen Menschen und Haushunden kann eine Quelle für Störungen dieser selbstregulierenden Abläufe sein. Das Leben ist stressreich – und manchmal zu stressig.

Teil 2
Neuropsychologisches Management (Stressabbau)

In diesem Abschnitt des Buches geht es in erster Linie darum, wie Strategien zum Stressabbau in einen Trainingsplan bei Hunden mit bestimmten Verhaltensproblemen und bei chronischem oder akutem Stress eingebunden werden können und wie dies innerhalb der in Teil 1 dieses Buches beschriebenen biologischen Gegebenheiten geschehen kann.

Grundlage eines Stressreduktionsprogramms ist das Prinzip, das Gehirn des Hundes wieder ins chemische Gleichgewicht zu bringen. Dass der Regulierung von Stressfaktoren eine immense Bedeutung zukommt, ist offensichtlich. Darüber hinaus gibt es verschiedene Möglichkeiten, das Gehirn wieder in einen stabilen Zustand zu versetzen und diesen beizubehalten.

Ruhezeit

Chemisches Ungleichgewicht bei anhaltendem Stress.

Die Stressreaktion verschwindet nicht sofort nach der Beseitigung des stressauslösenden Reizes. Der Körper benötigt Zeit, um das chemische Ungleichgewicht wieder in die Balance zu bringen. Wie eine limbische Reaktion die Hirnrinden-Aktivität herabsetzen kann, wurde bereits erörtert. Starke Gefühls- oder Stressreaktionen bedingen eine geringere Wahrnehmungsleistung. Diese Hemmung löst sich nicht sofort nach Beseitigung des stressauslösenden Reizes auf, was die Notwendigkeit einer Ruhezeit deutlich macht. Solange sich der Hund in einem Zustand des Disstress befindet, ist er nur schwer oder gar nicht in der Lage, etwas zu lernen. Ruhezeit

Vermeidung des stressauslösenden Reizes.

bedeutet, dem Hund genügend Zeit mit so wenigen Stressfaktoren wie möglich zu verschaffen, ganz besonders ohne den Reiz, der das zu behandelnde Verhaltensproblem hauptsächlich auslöst. Aggressive Hunde dürfen während dieser Zeit nicht provoziert werden. Hunde mit Trennungsangst dürfen nicht allein gelassen werden, Hunde mit Geräuschangst dürfen keinem Lärm ausgesetzt werden und misshandelte Hunde dürfen nicht geschlagen werden, nicht einmal einen Klaps oder dessen Androhung bekommen (dies gilt idealerweise grundsätzlich!).

Ritualisierte, ruhige Tagesabläufe.

Während dieser Zeit sollte der Tagesablauf des Hundes eine verlässliche Routine beinhalten und es sollte kein ständiges Hin und Her zwischen ruhigen und aufregenden Aktivitäten geben. Die Dauer dieser Maßnahme hängt davon ab, welche Reizschwelle für das normale Gleichgewicht als zufriedenstellend ermittelt wurde, bevor eine Verhaltensmodifikation einsetzen kann. Außerdem ist sie abhängig vom individuellen Naturell und dem Stresspegel, dem der Hund ausgesetzt war. Im Allgemeinen sind 48 Stunden das absolute Minimum, um erste Anzeichen von Entspannung sehen zu können. Dem Hund sollte die Zeit gegeben werden, die er braucht, manchmal ist dies eine Woche, oft aber auch länger.

Langsamer Übergang zu kurzen Trainingseinheiten.

Nach dieser Ruhezeit empfiehlt sich ein sanfter und einfühlsamer Übergang in die Trainingsphase. Dies führt zu deutlich besseren Ergebnissen, als sofort voll in das Training einzusteigen oder der Versuch einer Verhaltensänderung, solange der Hund unter dem Einfluss von emotionalem Stress steht. Vor allem Letzteres könnte die Trainingsbemühungen zunichte machen, weil der Hund lernt, das Training mit dem Stresszustand zu assoziieren. Übungen, in denen unter Überbeanspruchung gelernt werden soll – falls unter diesen Umständen überhaupt gelernt werden kann – sind wertlos und werden vom Hund häufig mit dieser Überbeanspruchung – also negativ – verknüpft.

Ernährungsumstellung

Die Ernährung kann das Verhalten eines Hundes erheblich beeinflussen. Füttert der Halter ein Futter von minderer Qualität, kann das zu einer Mangelernährung des Hundes führen, was wiederum Stress im Organismus verursachen kann. Nebenerzeugnisse und Füllstoffe aus Getreide sind schon schlimm genug, doch gewisse chemische Konservierungsmittel, Farbstoffe und Chemikalien, die dazu dienen, das Futter feucht zu halten, können zu Problemen führen. Viele Hunde reagieren auf diese Inhaltsstoffe negativ, was sich auch in Verhaltensproblemen manifestieren kann. In minderwertigen Futtersorten ist zudem häufig sehr viel Mais enthalten, was den Serotonin-Spiegel im Gehirn senkt, da Mais wenig Tryptophan, und viel Tyrosin (die Vorstufe eines Serotonin-Antagonisten) enthält (Lindsay, 2000, S. 100). Manche der in qualitativ schlechteren Futtersorten verwendeten Inhaltsstoffe sind dafür bekannt, dass sie bei einer Vielzahl von Hunden zu Überempfindlichkeiten, Unverträglichkeiten und Allergien führen.

Biosynthese von Monoaminen.

„Die Aufnahme der Aminosäuren Tryptophan und Tyrosin sowie anderer großer, neutraler Aminosäuren aus der Nahrung beeinflusst erheblich die Biosynthese und Konzentration einer Reihe von Neurotransmittern – Serotonin, Noradrenalin (bzw. Norepinephrin NE) und Dopamin – die gemeinsam unter dem Namen Monoamine bekannt sind“ (Strong, 1999, S. 19). NE ist für das Hervorrufen starker Erregung verantwortlich, die zu Aggression führt, Dopamin für Wachsamkeit und Reaktivität und Serotonin für die Regulierung von Stimmung, Erregungspegel sowie Schmerzempfindlichkeit. Man geht außerdem davon aus, dass es sich bei Serotonin um ein Schlüsselelement handelt, dessen Mangel zu Impulsivität, Aggression, unsozialem Verhalten, hyperaktiver Funktionsstörung, Angst und Lernschwierigkeiten führt (Strong, 1999, S. 19). Hunde, die

Serotoninmangel.

unter einem Mangel an Serotonin leiden, sind besonders schmerzempfindlich, reagieren über, sind überzogen emotional und/ oder aggressiv.

Einzelne Aminosäuren, Vorstufen dieser Monoamine, konkurrieren um den Übertritt vom Blut in das Gehirn. Ist das Gleichgewicht gestört oder tritt ein Mangel ein, resultiert daraus ein Ungleichgewicht der Gehirnchemie. Tryptophan aus der Nahrung wird im Gehirn in Serotonin umgewandelt. Wie andere Neurotransmitter auch, müssen die Vorstufen durch die Blut-Hirn-Schranke ins Gehirn gelangen (Lindsay, 2000, S. 99). An dieser Blut-Hirn-Schranke beginnt eine Art Wettkampf um den Eintritt ins Gehirn und zwar deshalb, weil nur eine begrenzte Anzahl von Transportwegen zur Verfügung steht. Tryptophan ist die Vorstufe von Serotonin, Tyrosin dagegen ist die Vorstufe von NE und Dopamin. Tyrosin tritt als eine Art Anti-Tryptophan auf und somit als Anti-Serotonin. Aus diesem Grund ist es sehr wichtig sicherzustellen, dass ein Tyrosin-Überschuss vermieden und für eine ausreichende Versorgung mit Tryptophan gesorgt wird. Hochwertige Proteinquellen enthalten im Gegensatz zu kohlenhydratreichen Nahrungsmitteln meist mehr Tryptophan als Tyrosin. Trotzdem hat die Umstellung auf eine proteinärmere Fütterung in vielen Fällen im positiven Sinn zu dramatischen Verhaltensänderungen geführt, weil eine proteinreiche Ernährung dazu führen kann, dass der Tryptophan-Spiegel im Gehirn sinkt (Lindsay, 2000, S. 99). Eine Ernährung, die reich an Kohlenhydraten ist, kann tatsächlich die Menge an Tryptophan, die zur Serotonin-Synthese zur Verfügung steht, vergrößern, auch wenn das Futter selbst nur mäßig viel Tryptophan enthält (Lindsay, 2000). Doch weshalb kann eine kohlenhydratreiche Ernährung den Serotonin-Spiegel im Gehirn erhöhen, obwohl kohlenhydratreiche Nahrungsmittel meist wenig Tryptophan enthalten? Natürlich vorkommendes Tryptophan macht nur einen sehr kleinen Teil der im Protein vorkommenden verschiedenen Aminosäuren (ca. 1 – 1,6 %) aus. Die anderen größeren und häufiger vorkommenden Aminosäuren konkurrieren alle mit dem Tryp-

Tryptophan ist die Vorstufe von Serotonin, Tyrosin dagegen ist die Vorstufe von NE und Dopamin.

tophan um eine beschränkte Anzahl von Transportkanälen durch die Blut-Hirn-Schranke. Das Problem ist, dass Tryptophan in diesem Konkurrenzkampf durch die Überzahl der anderen Aminosäuren oft unterliegt und dadurch die gespeicherten Tryptophan-Vorräte des Gehirns (die für die gleichmäßige Serotonin-Produktion notwendig sind) aufgebraucht werden. Eine Ernährung, die einen proportional höheren Kohlenhydratanteil als Protein enthält (mindestens 1 Teil Protein auf 5 bis 6 Teile Kohlenhydrate) stimuliert die Ausschüttung von Insulin. Die Insulinfreisetzung leitet größere Aminosäuren in das Muskelgewebe um. Wegen seiner einzigartigen molekularen Struktur, die Tryptophan von den anderen Aminosäuren unterscheidet, ist es von der Insulinausschüttung nicht so stark betroffen wie andere Aminosäuren. Das hat zur Folge, dass der Anteil an Tryptophan im Blutplasma deutlich ansteigt, wodurch Tryptophan im Vergleich zu den anderen Aminosäuren, die um die Aufnahme ins Gehirn an der Blut-Hirn-Schranke konkurrieren, im Vorteil ist, was die Serotonin-Produktion im Gehirn deutlich ansteigen lässt (Lindsay, 2000, S. 99).

Zusammenhang zwischen Proteingehalt und Aggression.

Eine neuere, im Journal of the American Veterinary Medical Association (JAVMA, Vol. 217, Nr. 4) veröffentlichte Studie von DeNapoli, Dodman, Shuster, Rand und Gross mit dem Titel „Die Auswirkungen des Proteingehaltes der Nahrung sowie die Zugabe von Tryptophan auf Dominanzaggression, Territorialaggression und Hyperaktivität" zeigt, dass ein reduzierter Proteingehalt dazu führen kann, Aggression deutlich zu vermindern. In Bezug auf Hyperaktivität sind die Ergebnisse jedoch weniger eindeutig. Reduziertes Protein unter Zugabe von Tryptophan verringerte die Aggression signifikanter.

Um bessere Ergebnisse zu erzielen, empfiehlt Val Strong, den Kohlenhydratanteil der Mahlzeit nach dem Proteinanteil zu füttern. „Der Tryptophan-Spiegel im Gehirn kann durch die Kohlenhydrat-Zufuhr nur dann deutlich angehoben werden, wenn die Kohlenhydratgabe innerhalb von zwei bis drei Stunden nach der Proteinzufuhr erfolgt. Als Reaktion auf die Kohlenhydrat-Aufnahme wird Insulin aus-

Fütterung der Kohlenhydrate nach der Proteingabe.

geschüttet, um den Glukose-Spiegel im Blutplasma zu regulieren. Zusätzlich leitet Insulin andere große, neutrale Aminosäuren in das Gewebe der Skelettmuskulatur um, wo sie von den Nerven- und Immunsystembahnen aufgenommen werden" (Strong, 1999). Vitamin B6 ist ein weiterer Kofaktor der Serotonin-Synthese aus Tryptophan, was bei der Zusammenstellung der Nahrung Beachtung finden sollte.

Um eine ausreichende Proteinzufuhr zu gewährleisten, wäre Tofu eine optimale Proteinquelle. Er enthält relativ viel Tryptophan, jedoch wenig Tyrosin.

Kurz gesagt: Wir möchten den Serotonin-Spiegel im Gehirn erhöhen, denn dies ist der Glücksbotenstoff. Dazu müssen wir dem Gehirn mehr Serotonin zur Verfügung stellen. Dies wird auf folgende Weise erreicht: Tryptophan ist eine über die Nahrung zugeführte Aminosäure, die zum Aufbau von Serotonin notwendig ist. Tyrosin konkurriert mit dem Tryptophan. Tatsächlich stehen alle anderen Aminosäuren um die Aufnahme ins Gehirn untereinander im Wettbewerb, was sie zu Tryptophan-Konkurrenten macht. Proteine enthalten viel Tryptophan, doch haben sie auch einen hohen Tyrosingehalt. Kohlenhydratreiche Nahrungsmittel haben zwei Vorteile: Erstens enthalten sie zwar insgesamt weniger Tryptophan, aber das Verhältnis Tryptophan zu Tyrosin ist günstiger. Zudem regen Kohlenhydrate die Bauchspeicheldrüse zur Insulinsekretion an. Das Insulin zieht alle Aminosäuren außer Tryptophan von der Blut-Hirn-Schranke ab, an der sie um den Eintritt in das Gehirn konkurrieren.

Die beste Strategie, um mehr Tryptophan ins Gehirn zu bringen und somit den Serotoninspiegel zu erhöhen, ist, dem Hund eine gewisse Menge an Proteinen zu füttern (Tofu ist gut, da er viel Tryptophan, jedoch wenig Tyrosin enthält) und ihm, während das Protein vom Körper verdaut und die Aminosäuren absorbiert werden, kohlenhydratreiche Nahrung zu geben. Auf diese Weise werden die konkurrierenden Aminosäuren mit dem Blutstrom fortgeschwemmt, um anderen Zwecken zu dienen, während das Tryptophan ohne große Konkurrenz zurückbleibt. Der Zugang zum Gehirn ist nun einfacher und der Serotonin-Spiegel steigt. Es gibt eine weitere Möglichkeit, den Serotonin-Spiegel im Gehirn anzuheben, auf die wir weiter unten zurückkommen werden. Hierbei wird das Gehirn daran gehindert, das, was es für verbrauchtes Serotonin hält, abzubauen. Durch die Hemmung des Abbaus verbleibt mehr Serotonin im Gehirn. Dies macht jedoch den Einsatz starker Medikamente erforderlich und ist deshalb nur bedingt zu empfehlen.

Dies alles lässt sich zu dem folgenden Interventionsprogramm für gestresste Hunde (egal, ob sie aggressiv oder hyperaktiv sind oder unter Problemen leiden, die auf Ängsten basieren) zusammenfassen:

Schritt 1:

Ausgehend von der Annahme, dass der Hund über Trockenfutter ernährt wird: Über einen Zeitraum von 10 Tagen wird der Hund schrittweise auf eine Ernährung mit niedrigem bis mäßigem Proteingehalt umgestellt, sofern er nicht schon eine solche bekommt. Dabei konzentriert man sich auf Reis, Kartoffeln, Hafer oder Gerste statt Mais. Man beginnt mit 90 % des alten Futters und 10 % des neuen. Im Folgenden wird der Anteil des neuen Futters täglich um weitere 10 % erhöht, bis der Hund zu 100 % umgestellt ist. Diese Vorgehensweise beugt Magenproblemen und Durchfall vor, die ansonsten durch die Reaktion der Magen-Darm-Flora auf ungewohnte Kost entstehen können.

Vorgehen zur Ernährungsumstellung.

Schritt 2:

Das Trockenfutter wird reduziert, um Raum für eine kleinere reine Kohlenhydratmahlzeit zu schaffen.

Schritt 3:

Innerhalb von zwei Stunden nach der Trockenfuttermahlzeit erhält der Hund eine gekochte, rein kohlenhydrathaltige Futterportion. Hier wird man ausprobieren müssen, was angenommen wird. Man kann mit Kartoffeln, Süßkartoffeln, Gerste, braunem Reis, Karotten, Erbsen, rotem Paprika etc. experimentieren. Dieser Mahlzeit wird ein Vitamin B-Komplex oder reines Vitamin B6 zugefügt (1 mg pro Kilogramm Körpergewicht/ Tag).

Die Resultate können bedeutend sein, auch wenn sie eventuell schwer zu beobachten sind. Daher sollte dieses Fütterungssystem beibehalten werden, bis eine eindeutige Verhaltensverbesserung durch die einzelnen Komponenten des Behandlungsplans erreicht ist. Zu diesem Zeitpunkt kann man ein Trockenfutter mit geringerem Proteingehalt ausprobieren, statt die Extramahlzeit zu reichen.

Nimmt der Hund die Kohlenhydratmahlzeit nicht an, kann der Halter versuchen, Tofu dazuzugeben oder die Kohlenhydratbestandteile unter das Trockenfutter zu mischen oder – sollte auch dies nicht funktionieren – ein Futter mit möglichst geringem Proteingehalt zu finden.

Mentale Stimulation

Wenn die Konzentration des Hundes aktiv auf etwas Erfreuliches gerichtet ist, unterstützt das die Aktivierung der Hirnrinde, was, wie bereits erwähnt, das limbische System am Generieren problematischer Emotionen hindert.

„Ein Hund oder ein Mensch, der sich auf eine Aufgabe konzentriert, wird nicht so leicht von heftigen Emotionen überwältigt. Tatsächlich können Reize ausgeblendet werden, die für die Aufgabe nicht relevant sind. Das ist auch der Grund, weshalb Hunde, die sich nicht ausstehen können, oftmals dazu in der Lage sind, friedlich Seite an Seite zu arbeiten – sie konzentrieren sich nicht auf ihre emotionale Reaktion aufeinander, sondern auf die Aufgabe (In ihrer Freizeit allerdings...).“ (Clothier, 1996)

Bindungsförderndes Training, mentale Stimulation.

Nachfolgend ein paar Ideen, wie die mentale Stimulation gesteigert werden kann. Viele dieser Übungen machen auch den Haltern Spaß und unterstützen so den jeweiligen Trainingsplan, denn manche Probleme bringen auch den Menschen zur Verzweiflung, was die Bindung zwischen Hund und Halter gefährdet. Diese Bindung ist in vielen Fällen das Einzige, was das Leben des Hundes rettet oder ihn vor der Abgabe bewahrt. Einige lustige und neue Übungen können sowohl für den Halter als auch für den Hund anregend sein, was vor dem Burnout der Beziehung schützt und das Engagement und die Bereitwilligkeit zur Mitarbeit des Halters erhöht. Sammeln Sie gemeinsam mit dem Kunden Ideen, welche Art von Aktivität für dieses Team die richtige ist, denn wenn Sie einfach die Übungen für sie aussuchen, ist es unwahrscheinlich, dass das Engagement und der Wille zur Mitarbeit gestärkt werden.

1. Der Hund bekommt sein Futter in einem Buster Cube oder Futterball. Das ermöglicht es dem Hund zu arbeiten, um an sein Futter zu kommen.

2. Der Halter versteckt kleine Futterportionen im Haus oder in der Wohnung. Das regt den Hund zum Suchen an.

3. Training. Das kann in Richtung Obedience oder Hundesport wie Mobility etc. gehen. Solange der Hund Spaß am Training hat, kann er dadurch seine Geisteskraft stärken. Gestalten Sie die Übungen ruhig auch mal anspruchsvoll, doch stellen Sie den Erfolg sicher (der Hund darf keinesfalls frustriert werden!) und vermeiden Sie allzu viel Aufregung wie zum Beispiel bei diversen Beutespielen. Achten Sie auch darauf, keinen falschen Ehrgeiz zu entwickeln, der den Hund unter Druck setzt, weil Sie perfekte Ergebnisse erzielen wollen.

4. Ausflüge. Neue Orte aufzusuchen, um dort zu wandern oder den Hund auf andere Art zu beschäftigen, wirkt auf die meisten Hunde mental stimulierend.

5. Free Shaping oder Clicker-Training. Spiele wie „101 Dinge, die man mit einer Schachtel machen kann“ und andere Free Shaping-Übungen beanspruchen den Hund mental und fördern aktiv das Denken. Hunde mit Free Shaping-Training denken mehr nach und sind weniger impulsiv. Free Shaping ist deshalb so großartig, weil es keinerlei Zwang und keine aversiven Reize beinhaltet. Der Hund muss nachdenken, um seine Belohnung zu erhalten. Free Shaping lehrt den Hund die generelle Strategie, Probleme durch ausprobieren zu lösen. Andere Trainingsmethoden schulen lediglich eine bestimmte Fähigkeit des Hundes,

Free Shaping hingegen schult das aktive und selbstständige, lösungsorientierte Denken und ermutigt den Hund dazu, mit seiner Umgebung und den Reaktionen zu experimentieren, um sein Ziel zu erreichen. Dieses Lernen, aktiv mit der Umgebung zu arbeiten und Probleme experimentell anzugehen, ist gemeint, wenn Trainer sagen, dass Free Shaping-Hunde klüger sind. In diesem Sinne sind sie wirklich klüger.

6. Das Spiel mit anderen Hunden ermöglicht es dem Hund, seine „Gehirnzellen“ im Bereich der sozialen Intelligenz zu trainieren.

Bewegung

Ein müder Hund ist ein guter Hund. Das war viele Jahre nicht mehr als eine intuitive Annahme – und tatsächlich existiert eine vernünftige physiologische Erklärung für diese Behauptung. Die Forschung zeigt, dass physische Stimulation einen deutlichen therapeutischen Effekt auf die Physiologie des Hundes hat (Lindsay, 2000, S. 112). Körperliche Bewegung regt die Produktion von Serotonin, NE und bestimmter Endorphine an, die für die positive Stimmungsveränderung durch Bewegung verantwortlich sind. Bewegung regt die Ausschüttung verschiedener Hormone der Hypothalamus-Hypophysen-Nebennierenrinden-Achse (Beta-Endorphine, ACTH und Cortisol) sowie von NE an (Lindsay, 2000, S. 113). Bewegung von kurzer, explosiver Natur kann einen mit negativem Stress besetzten Einfluss auf den Körper haben, wohingegen eine mäßigere, länger andauernde körperliche Stimulation die erwähnten vorteilhaften Auswirkungen hervorruft. In einer forcierten Laufband-Studie stellten Forscher fest, dass intensive Bewegung dazu führen kann, Hunde in negativen Stress zu versetzen und das NE zu verringern, was in

Stetige, länger andauernde körperliche Bewegung wie ein Spaziergang regt die Produktion bestimmter Endorphine und Hormone an.

manchen Fällen sogar eine erlernte Hilflosigkeit verursacht. Im Fall von Ausdauer-Bewegung wurde herausgefunden, dass die noradrenerge Aktivität verbessert wird und die im Gehirn gespeicherten Mengen von NE und Serotonin in der Amygdala erhöht werden (Lindsay, 2000, S. 113). Es scheint, als bestünde eine physiologische Basis für die vorgeschlagene Anwendung von physischer Ausdauer-Stimulation in Fällen, in denen irgendeine Form von Stress, Angst, Reaktivität oder Aggression vorliegt. Lindsay beschreibt ihre Anwendung folgendermaßen:

Bewegung steigert die Serotonin-Aktivität.

„Die Erkenntnis, dass Bewegung die Serotonin-Aktivität steigert, ist hinsichtlich der Nutzung von Bewegung für das Management von stressbedingten Verhaltensproblemen von erheblicher Bedeutung. Innerhalb der Neuroökonomie des Gehirns spielt Serotonin eine bedeutende Rolle im Hinblick auf die Regulierung von Stress und die Kontrolle über unerwünschtes impulsives Verhalten. Von vielversprechenden Hinweisen zu Gunsten einer funktionalen Verbindung zwischen der Serotonin-Produktion und Bewegung berichteten Dey und seine Kollegen (1992), die eine deutliche Veränderung der Serotonin-Aktivität bei Ratten nachwiesen, die einem Ausdauer-Bewegungsprogramm unterzogen wurden. Man hat festgestellt, dass tägliche Bewegung eine ausgeprägte und anhaltende Anregung des Serotonin-Stoffwechsels in verschiedenen Bereichen des Gehirns, darunter der Großhirnrinde, zur Folge hatte. Die Autoren sind der Ansicht, dass die Hirnrinde der wahrscheinlichste neurale Bereich ist, um die heilsamen Effekte von Bewegung in Bezug auf Depression zu vermitteln... Die besagten Studien unterstützen die Hypothese, dass Bewegung, besonders tägliche und ausdauernde, wahrscheinlich einen heilsamen Einfluss auf die Neuroökonomie des Hundes hat... Im Allgemeinen ähnelte die Resonanz von Untertypen der Serotonin-Rezeptoren auf Bewegung sehr den Auswirkungen, die die Gabe trizyklischer Antidepressiva auf sie hat.“ (Lindsay, 2000, S. 113)

Kurz gesagt: Gemäßigte, ausdauernde Bewegung erhöht sowohl den Serotonin- als auch den NE-Spiegel im Gehirn, was ähnliche Auswirkungen auf Hunde hat wie die Gabe von Angst lindernden Medikamenten. Aggression und Reaktivität werden verringert. Ein Hund mit ausreichender Bewegung erlebt den Einfluss von Glücksbotenstoffen im Gehirn, was ein ruhiges, entspanntes und manchmal euphorisches Befinden begünstigt. Hunde fühlen sich nach einem ausgiebigen Bewegungstraining wahrscheinlich ganz ähnlich wohl wie Menschen.

Hunde sind Menschen sehr ähnlich. Manche sind physisch gut in Form, andere nicht. Wenn der Hund bisher kein körperlich aktives Leben geführt hat, müssen Sie damit beginnen, die physische Stimulation schrittweise über mehrere Wochen zu steigern. Beginnen Sie nicht abrupt ein anstrengendes Bewegungsprogramm, denn das würde den Hund stark stressen und möglicherweise zu Verletzungen und Erkrankungen führen. Wenn der Hund übergewichtig ist, müssen Sie noch umsichtiger vorgehen. Leiten Sie das Bewegungsprogramm noch allmählicher ein. Vermeiden Sie zunächst Aktivitäten, die die Knochen und Gelenke belasten, wie zum Beispiel Sprünge und das Bewältigen bestimmter Hindernisse. Verringern Sie die Kalorienzufuhr, um das Gewicht zu reduzieren. Bei der Einschätzung, wie viel Bewegung Ihr Hund bisher hatte, sollten Sie sehr sorgfältig vorgehen. Dass der Hund zum Beispiel jeden Tag neun Stunden lang Zugang zu einem 10.000 m² großen Gelände hat, bedeutet nicht unbedingt, dass er sich überhaupt irgendwie bewegt hat. Wenn er die ganze Zeit über vor der Tür oder in der Hundehütte liegt, hat er keine Bewegung. Halter sind oft der Meinung, ihr Hund habe ausreichend Bewegung, und gewöhnlich liegen sie falsch.

Ein Bewegungsprogramm langsam und kontinuierlich aufbauen.

Die Frage, wie viel Bewegung für den Hund ausreichend ist, lässt sich nur beantworten, wenn man die Bedürfnisse der Rasse und das Alter des Hundes in die Kalkulation mit einbezieht. Hunde bis zu einem Jahr brauchen viel Bewegung, jedoch sollte alles vermieden werden, was die Gelenke extrem beansprucht. Dies gilt ganz besonders für Hunde großer Rassen. Andere Rassen wie Husky und Border Collie wurden für tägliche, ausdauernde körperliche Beanspruchung gezüchtet. Für gewöhnlich benötigen Schlittenhunde, Hütehunde und sonst sehr sportliche Hunde täglich mehrere Stunden physischer Auslastung. Bestimmte Windhunde wie der Greyhound sind im Allgemeinen nicht sehr aktiv, aber sie haben Energieschübe, bei denen sie so schnell sie können auf dem Grundstück rumrennen, so dass die Grasbüschel durch die Luft fliegen. Das ist ihnen angeboren. Andere Rassen wie die Englische Bulldogge sind nur schwer zur Bewegung zu motivieren und würden, ließe man ihnen die Wahl, den ganzen Tag auf der Couch verbringen. Es liegt in ihrer Natur, so zu sein. Beim Thema Bulldogge muss darauf hingewiesen werden, dass brachycephale Hunde (Hunde mit kurzen Schnauzen) Schwierigkeiten beim Atmen haben können, wenn sie sich anstrengen. Bei diesen Rassen ist es von besonderer Wichtigkeit, sie umsichtig an physische Stimulation heranzuführen.

Hunde brauchen ausreichende, aber keine übermäßige Bewegung.

Bisher sprachen wir nur über mangelnde körperliche Auslastung. Manchmal ist aber auch das Gegenteil der Fall, der Hund bekommt zu viel Bewegung. Es ist wichtig, das richtige Maß zu finden und nicht einfach nur immer mehr zu tun. Übertriebene Bewegung stresst den Organismus und ist möglicherweise noch schädlicher als zu wenig. Hunde sollten sorgfältig auf Anzeichen von Erschöpfung hin beobachtet werden und ausreichende, aber nicht übermäßige Bewegung erhalten.

Die Quintessenz ist folgende: Machen Sie sich mit den Bedürfnissen der Rasse vertraut, bevor sie ein Bewegungsprogramm konzipieren. Außerdem sollte der Hund vorab von einem Tierarzt untersucht werden. Lassen Sie sich vom Tierarzt beraten, bevor Sie mit dem Hund ein Bewegungsprogramm starten. Dann gewöhnen Sie ihn allmählich entsprechend seiner Rasse und seiner körperlichen Verfassung an das auf ihn zugeschnittene Maß an täglicher Bewegung. Gehen Sie davon aus, dass das Bewegungsprogramm mehrere Wochen beibehalten werden muss, bevor ein dauerhafter Einfluss auf das Verhalten zu erwarten ist.

Tierärztliche Untersuchung vor Beginn des Bewegungsprogramms.

In Bezug auf die Wahl des Bewegungsprogramms wäre es ideal, wenn die Art der Bewegung auf die Aufgaben abgestimmt wird, für die die Rasse gezüchtet wurde. Es wäre optimal, wenn Wasserhunde schwimmen und Hütehunde hüten könnten (wenn die gehüteten Tiere dadurch nicht in Stress geraten), doch das wird nicht immer möglich sein. Schwimmen ist für die meisten Rassen – und ganz besonders für Wasserhunde – vermutlich die ungefährlichste und wohltuendste Bewegung, die ein Hund ausüben kann, denn Schwimmen erspart den Gelenken die Stoßbelastung, die andere Formen von Bewegung mit sich bringen. Bei Boxern und ähnlich gebauten Rassen sollten Sie allerdings vorsichtig sein, sie haben manchmal Probleme mit dem Schwimmen.

Art und Dauer der Bewegung auf die Rasse abstimmen.

Wenn der Halter einen Hund hat, der mehr physische Stimulation benötigt, als er selbst in der Lage ist, ihm zu ermöglichen, sind Apportier- und Suchspiele eine mögliche Lösung. Joggen ist eine weitere Alternative, Hund und Halter können gemeinsam in Form kommen.

Achten Sie stets auf Anzeichen von Stress oder Erschöpfung und brechen Sie das Training ab, sobald Sie diese bemerken. Viel besser wäre es natürlich, wenn Sie die Übungen beenden, bevor diese Anzeichen überhaupt auftreten. Hunde, die Krallen oder Pfoten beim Rennen oder Traben schleifen lassen, sind wahrscheinlich zu müde, um weiterzumachen. Dasselbe gilt für die, die Schaum vor dem Maul haben oder schwer atmen.

Aufwärmen, langsam beginnen.

Vergessen Sie nicht, die Hunde vor dem Training aufzuwärmen und sie danach durch ruhiges Gehen abzukühlen. Das Aufwärmen schützt vor Muskelkrämpfen und steigert den Herzschlag allmählich, so dass dies nicht urplötzlich und auf stressige Weise geschieht. Das Abkühlen schützt davor, dass sich das Blut verdickt. Letztendlich sollten die gleichen Grundregeln beachtet werden wie beim menschlichen Bewegungstraining.

Stressbewältigungs-Strategien im Training

Wie oben erwähnt, kann es während des Trainings mit Ihrem Hund vorkommen, dass Sie Anzeichen von Stress bei ihm erkennen. Da wir möchten, dass die Hunde Bewältigungsstrategien lernen, um mit einem gewissen Grad an Stress umgehen zu können, schaden wir uns selbst, wenn wir den Hund weiter in eine Stressreaktion hineintreiben. Wir haben alle schon Hunde gesehen, die mental abschalten oder Übersprungshandlungen zeigen, wenn sie zu stark gefordert werden. In diesen Momenten lernen die Hunde nicht viel und das Wenige, das sie lernen, ist für das Trainingsprogramm abträglich. Sie stellen auf Grund klassischer Konditionierung Assoziationen zwischen dem Stress und dem Training oder dem Stress und dem Trainer her. Sie können auch lernen, dass Herumalbern oder geistiges Abtauchen wirkungsvolle Bewältigungsstrategien darstellen. Überfordern Sie einen solchen Hund, trainieren Sie so ungewollt darauf hin, als Reaktion auf gefühlten Stress abzuschalten oder Übersprungshandlungen zu zeigen.

Training beenden, bevor Stresssymptome auftreten.

Die Lösung ist, den Hund sehr aufmerksam zu beobachten und zu erkennen, wann ihm das Training zu viel wird. Training soll Spaß machen. Beenden Sie es, wenn irgend möglich, mit einem positiven Ereignis, doch auf jeden Fall, bevor eine Stressreaktion einsetzt. Im Gruppentraining können Sie Ihre Kunden dazu anleiten, eine Pause einzulegen oder auf eine Seite des Platzes oder Raumes zu gehen, wo es ruhiger ist.

Vom Hund selbst gewählte Ruhepausen und Deeskalationsstrategien belohnen.

Wenn Sie Ihren Hund gut beobachten, können Sie eventuell erkennen, dass er beginnt, eigene Strategien zu entwickeln, um sich bei stressigen Situationen zurückzuziehen – zum Beispiel, indem er freiwillig in seinen Korb geht und zur Ruhe kommt oder einfach den Raum verlässt. Wenn Ihr Hund ein solches Verhalten zeigt, können Sie es belohnen und somit verstärken.

Das kann insbesondere bei aggressiven Hunden von unschätzbarem Wert sein, denn wenn sie lernen, sich selbst aus der Situation zu nehmen, wenn diese sich zuspitzt, ist es weniger wahrscheinlich, dass sie sich in eine aggressive Reaktion hineinsteigern (und rückfällig werden).

Kurz gesagt: Um dem Hund dabei zu helfen, wirksame Stressbewältigungs-Strategien zu entwickeln, müssen Sie verhindern, dass er überlastet wird. Setzen Sie ihn aber leichtem Stress in Verbindung mit der Konzentration auf eine Aufgabe aus, damit er Stressbewältigungs-Strategien entwickeln kann. Wenn es Ihnen regelmäßig misslingt, einer Überlastung vorzubeugen, und der Hund darauf hektisch oder lethargisch reagiert, kann dies zur Bewältigungsstrategie des Hundes werden.

Medikamente und Nahrungsergänzungsmittel

Es gibt zahlreiche Medikamente, pflanzliche Heilmittel und Nahrungsergänzungsmittel, die uns dabei helfen können, den Hund wieder in ein gesundes Gleichgewicht zu bringen. Wichtig ist aber zu bedenken, dass diese Mittel nicht das Problem an sich lösen. Man kann sie bei besonders schwierigen Fällen als „Fuß in der Tür" betrachten, zum Beispiel wenn sich der Hund dauerhaft in einem Geisteszustand befindet, der eine Verhaltensmodifikation unmöglich macht, oder wenn die Halter nicht von dem Umfang der Verhaltensmodifikation überzeugt sind, der notwendig scheint, um ein Problem zu lösen. Dann können sich diese Substanzen als hilfreich erweisen. Ganz besonders gilt dies für Angstprobleme, denn es gibt Hinweise darauf, dass ängstliche Hunde eine genetische Prädisposition zu dieser Stimmungslage besitzen, und selbst wenn dies nicht der Fall ist, ist Angst ein überaus starkes Gefühl, das sich ins Gedächtnis einprägt und nur schwer zu verändern ist. Eine systematische Desensibilisierung erfordert oftmals mehr Arbeit, als viele Halter zu leisten bereit sind, und in den meisten Fällen bieten diese Substanzen eine Möglichkeit zur Reduzierung der Menge an Arbeit, die erforderlich wäre, um positive Veränderungen zu bewirken. Aber nochmals sei betont: Diese Substanzen lösen keine Verhaltensprobleme, sie bieten uns lediglich die Möglichkeit, einen Fuß in die Tür zu bekommen. Die Aufgabe, über ein auf diesen Hund abgestimmtes Trainingsprogramm das eigentliche Problem zu lösen, bleibt bestehen. Im Folgenden finden Sie einen kurzen Überblick über einige dieser Präparate.

Medikamentöse Unterstützung vor allem bei Angstproblematik.

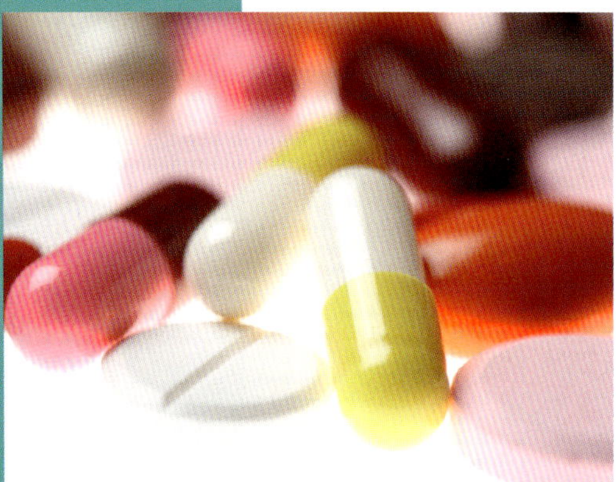

Clomicalm® (Clomipraminhydrochlorid)

Ein besonders nützliches Mittel zur Behandlung von Trennungsangst und anderen auf Angst beruhenden Problemen ist Clomicalm®. Clomicalm® ist der Markenname für ein Medikament mit dem Wirkstoff Clomipraminhydrochlorid. Clomipramin ist ein trizyklisches Antidepressivum (TCA), das die Neuronen an der Wiederaufnahme von Serotonin und NE hindert und somit den Serotonin- und NE-Spiegel im Gehirn erhöht. Ein erhöhter Serotonin-Spiegel senkt den Pegel von Angst, Stress und Unruhe, die der Hund verspürt. Clomipramin wird im Körper zu Desmethyl-Clomipramin verstoffwechselt, das den NE-Spiegel im Gehirn anhebt. Dieser erhöhte NE-Spiegel macht den Hund für ein Training zur Verhaltensmodifikation empfänglicher. Dieses Medikament ermöglicht es ihm, sich besser zu konzentrieren, was ihn leichter lernen lässt. Es wird auch bei vielen Angststörungen in der Humanmedizin eingesetzt. Eine Untersuchung der FDA (Food and Drug Administration) ergab, dass sich bei 47 % der mit Clomicalm® behandelten Hunde innerhalb der ersten drei Wochen im Verlauf der Studie eine Besserung zeigte, während es in der Gruppe, die ein Placebo erhielt, lediglich 29 % der Hunde waren. Am Ende der zweimonatigen Studie konnte bei 65 % der mit Clomicalm® behandelten Hunde eine Besserung verzeichnet werden, in der Placebo-Gruppe waren es 55 % (Peggy Moran, Dog World Magazine, Nr. 8, 1999). Dies lässt darauf schließen, dass das Verhalten in zahlreichen Fällen mit dem Medikament schneller verändert werden konnte als ohne. Wichtig bei dieser Untersuchung war, dass beide Testgruppen zusätzlich einer Verhaltenstherapie unterzogen wurden. Clomicalm® ist ein verschreibungspflichtiges Medikament und nicht für jeden Hund geeignet. Bitte beachten Sie unbedingt die auf dem Beipackzettel angeführten möglichen Nebenwirkungen und verabreichen Sie Clomicalm® nicht ohne Rücksprache mit und Begleitung durch Ihren Tierarzt.

Erhöhter Serotonin-Spiegel senkt den Pegel von Angst, Stress und Unruhe.

Elavil® (Amitriptylin)

Bei Elavil® handelt es sich ebenfalls um ein trizyklisches Antidepressivum (TCA). TCAs hemmen die präsynaptische Wiederaufnahme von Serotonin und NE. Das ist im Wesentlichen der Grund für ihre antidepressiven Eigenschaften. Zu den möglichen Nebenwirkungen zählen Mundtrockenheit, Verstopfung, Harnstau, Herzrasen und andere Arhythmien, Ohnmachtsanfälle in Verbindung mit Schwindelanfällen bei schnellem Aufrichten, Gleichgewichts- und Koordinationsstörungen, Desorientiertheit, generalisierte Depression und Unlust (Overall, 1997). Es besteht eine Kontraindikation bei Hunden mit Harnstau, chronischer Dickdarmentzündung oder Herzrhythmusstörungen in der Vorgeschichte (Overall, 1997). Elavil® ist besonders wirksam bei auf Angst und Unruhe basierenden Problemen, einschließlich vieler Formen der Aggression. Es kann hilfreich bei Hunden mit bekannter Aggressionsproblematik sein. Wird dieses Medikament eingesetzt, muss der Halter wegen der möglichen schwerwiegenden Nebenwirkungen sehr wachsam und gewissenhaft sein. Außerdem gibt es ein weiteres Problem: Wenn das Verhalten auf Bestärkung basiert, kann das Fehlen von Ängstlichkeit die Hemmungen des Hundes abbauen. Dann würde sich das aggressive Verhalten noch verstärken! Bis zum Einsetzen der Wirkung können zwei bis sechs Wochen vergehen (Beaver, 1999). Aus diesem Grund sollte die Behandlung wenigstens sechs Wochen lang durchgeführt werden, bevor sie als gescheitert betrachtet werden kann (Beaver 1999). Dies gilt natürlich nur, wenn das Medikament keine vermehrte Aggression oder unzumutbare gesundheitliche Probleme hervorruft.

Gewissenhafter Einsatz, da schwerwiegende Nebenwirkungen möglich!

Prozac® (Fluoxetin)

Prozac® hemmt die Wiederaufnahme von Serotonin spezifisch und ist weitaus stärker wirksam als Clomicalm® (Overall, 1997, S. 314). Prozac hemmt, im Gegensatz zu Clomicalm® und Elavil®, ausschließlich die Wiederaufnahme von Serotonin. Das Einsetzen der Wirkung kann bis zu einem Monat oder länger dauern. Prozac® scheint am erfolgreichsten bei der Behandlung von Aggressionsverhalten zu sein, das durch extreme Impulsivität oder schwere Aggression (besonders innerartliche Aggression) gekennzeichnet ist, und kommt außerdem bei Zwangsneurosen zum Einsatz (Overall, 1997, S. 314). Außerdem wird Prozac® bei Zwangsstörungen und extremer Unruhe verabreicht.

Einsatz bei extremer Impulsivität, innerartlicher Aggression, Zwangsneurosen.

ProQuiet® (L-Tryptophan-Supplement)

ProQuiet® ist ein Tryptophan-Nahrungsergänzungsmittel, das die Anhebung des Serotonin-Spiegels im Gehirn unterstützt. Nachfolgend ein Auszug aus der Packungsbeilage des Herstellers:

„ProQuiet®. Das zuverlässige und sanft beruhigende Präparat. ProQuiet® ist anzuwenden, wenn das Haustier durch äußerlichen Stress überängstlich, nervös oder übermäßig aufgeregt ist. Das Mittel ist getestet und zuverlässig und wirksam in der angegebenen Anwendungsweise. ProQuiet® kann täglich verabreicht werden oder in stressreichen Situationen. Da es sich bei diesem Präparat nicht um ein Medikament handelt, sind Nebenwirkungen wie Benommenheit, Teilnahmslosigkeit oder andere gesundheitliche Probleme beim Haustier nicht zu erwarten. Darreichungsform: Aromatisierte Kautabletten – werden sowohl von Hunden als auch Katzen gerne genommen. ProQuiet® ist in Packungen mit 60 Tabletten erhältlich. Inhaltsstoffe: L-Tryptophan, Taurin, Hopfen, Kamille, Bierhefe, Vitamin B3, Vitamin B6, Ingwer, Vitamin B12 und Folsäure." (animalhealthoptions.com/f_products.html)

Einsatz bei Überängstlichkeit, Nervosität, übermäßiger Aufregung.

Nicht länger als sieben Tage verabreichen.

Dieses Erzeugnis ist für Hunde ab einem Alter von vier Monaten geeignet und soll nicht länger als sieben Tage verabreicht werden. Es ist beim Tierarzt erhältlich und sollte nur in Absprache mit ihm und unter regelmäßiger Kontrolle des Tieres durch ihn gegeben werden.

5-HTP (5-Hydroxytryptophan)

Wird sehr effizient zu Serotonin verstoffwechselt; in Deutschland nicht zugelassen!

Dies ist ein Stoffwechselprodukt, das bei der Umwandlung von Tryptophan in Serotonin entsteht. Das bedeutet, es ist Serotonin eine Stufe näher als Tryptophan. Außerdem wird 5-HTP wesentlich effizienter zu Serotonin verstoffwechselt als Tryptophan. In den USA ist 5-HTP in Apotheken erhältlich. (Anmerkung des Verlags: In Deutschland ist 5-HTP wegen möglicher Nebenwirkungen nicht zugelassen. Tryptophan kann man über Tierärzte oder Apotheken beziehen.) 5-HTP sollte nicht in Verbindung mit anderen Medikamenten, die die Serotonin-Tätigkeit beeinflussen, gegeben werden, es sei denn, der verschreibende Tierarzt hat dies berücksichtigt. Die Dosierung muss individuell eingestellt werden. Bei hoher Dosierung kann dem Hund anfänglich übel werden. Ist die Dosierung hingegen zu gering, stellt sich keine Wirkung ein. Die an der Tufts University School of Veterinary Medicine verwendete Dosierung zur Behandlung von Aggression sieht folgendermaßen aus: 2 mg pro kg Körpergewicht zwei Mal am Tag, oral verabreicht.

5-HTP zählt bis jetzt nicht zu den von den Behörden generell als ungefährlich anerkannten Bestandteilen von Futterzusätzen – im Gegensatz zu den Inhaltsstoffen von ProQuiet®. Das bedeutet nicht, dass 5-HTP gesundheitsschädlich ist, sondern lediglich, dass die Hersteller bis jetzt nicht um die behördliche Zulassung angefragt haben, und da es sich nicht um eine patentierfähige Chemikalie handelt, ist es unwahrscheinlich, dass sie es jemals tun werden.

Glutamin (Aminosäuren-Supplement)

Glutamin ist eine nicht-essenzielle Aminosäure, deren Vorrat im Körper aufgebraucht werden kann, wenn ein Hund unter Stress steht. Glutamin wird vom Gehirn zur Bildung von Glutamat und Gamma-Aminobuttersäure benötigt, den exzitativen und inhibitorischen Botenstoffen, die das Gleichgewicht zwischen Erregung und Hemmung der Nervenaktivität regulieren. Es ist bekannt, dass dieser Zusatz ein ausgeglichenes Wesen unterstützt. Es ist ratsam, diesem Nahrungsergänzungsmittel einen Vitamin B-Komplex hinzuzufügen, um die Effektivität des Glutamins zu verstärken. Eine hervorragende Website, um sich genauer über Glutamin zu informieren, ist http://www.novamex.de/nnb/aminosaeuren/am_glut.htm. Bei Hunden mit Diabetes, Krebs, fortgeschrittenem Leberschaden oder mit neurologischen Erkrankungen, darunter auch Schlaganfall und Epilepsie, sollte die Gabe von Glutamin sorgfältig geprüft und nur nach genauer Absprache mit dem Tierarzt erfolgen. Eine ständige Überwachung des Patienten durch den Tierarzt ist wichtig!

Reguliert Gleichgewicht zwischen Erregung und Hemmung der Nervenaktivität.

Kurz gesagt: Sowohl Clomicalm® als auch Elavil® verhindern die Wiederaufnahme und damit den Abbau von Serotonin. Pro-Quiet® und 5-HTP heben den Serotonin-Spiegel im Gehirn an. All diese Präparate wirken auf unterschiedliche Weise, bewirken jedoch das Gleiche – die Anhebung des Serotonin-Spiegels im Gehirn. Glutamin unterstützt das Gehirn bei der Herstellung der Botenstoffe, die Erregung und Hemmung regulieren.

Anmerkung zu Nahrungsergänzungsmitteln

Anwendung von Medikamenten und Nahrungsergänzungsmitteln unbedingt mit Tierarzt abklären!

Auch wenn einige dieser Produkte frei im Handel erhältlich sind, sollte deren Anwendung unbedingt (!) vorab mit dem Tierarzt besprochen werden. Entscheidet man sich für den Einsatz, ist generell dazu zu raten, es zuerst mit Tryptophan oder 5-HTP zu versuchen (einem Nährstoff), bevor man auf ein Medikament wie Prozac® zurückgreift, dessen Anwendung erhebliche Nebenwirkungen mit sich bringen kann. Es hat sich gezeigt, dass mit Nahrungsergänzungsmitteln wie Tryptophan oder 5-HTP ähnliche Ergebnisse erzielt werden können wie mit Medikamenten, jedoch mit deutlich weniger problematischen Nebenwirkungen.

Wechselwirkungen mit anderen Medikamenten/ Wirkstoffen berücksichtigen.

Verhaltenstherapeuten und Trainer müssen darauf achten, diese Erzeugnisse nicht allzu leichtfertig zu empfehlen. Man kann die Halter auf die Existenz dieser Mittel hinweisen, sie sollten dann jedoch dazu angehalten werden, sich tierärztlich beraten zu lassen. Es gilt zum Beispiel zu klären, ob sie in diesem speziellen Fall anwendbar sind und ob die eventuell zu erwartenden Nebenwirkungen den Einsatz trotzdem rechtfertigen. Außerdem müssen Wechselwirkungen mit anderen Wirkstoffen berücksichtigt werden. Wenn ein Hund beispielsweise auf ein trizyklisches Antidepressivum eingestellt ist, ist die zusätzliche Verabreichung bestimmter pflanzlicher Mittel nicht ratsam, da sie die Wirkung verstärken können. Tierärzte sind dafür ausgebildet, solcherlei Probleme zu berücksichtigen. Somit ist es wichtig, dass Verhaltenstherapeuten und Trainer darauf achten, die Grenzen des eigenen Berufsfeldes nicht zu überschreiten und ohne entsprechende Zulassung tierärztliche Aufgaben zu übernehmen. Sie können als Trainer oder Verhaltenstherapeut anbieten, Ihre Erkenntnisse mit dem Tierarzt des Kunden zu besprechen. Manche Tierärzte sind hierfür offen, andere nicht. Fazit: Überlassen Sie die Veterinärmedizin den Veterinärmedizinern.

ZUSAMMENFASSUNG

Das Ziel dieses Bereichs eines umfassenden Programms zur Verhaltensänderung ist es, das Nervensystem und das endokrine System ins Gleichgewicht zu bringen. In der Praxis bedeutet das, den Stresslevel zu senken und die Spiegel diverser Botenstoffe im Gehirn, die das mentale Gleichgewicht fördern, anzuheben. Der Serotonin-Spiegel kann durch Bewegung, geistige Stimulation und eine Umstellung der Ernährung angehoben werden. Außerdem lässt er sich durch die zusätzliche Gabe von Medikamenten oder Nahrungsergänzungsmitteln beeinflussen. All diese Praktiken sind nicht mit einem Training oder einer Verhaltenstherapie gleichzusetzen, sondern sollten als eine Ergänzung verstanden werden. Stressmanagement sollte bei den meisten, wenn nicht gar allen Verhaltensproblemen von Hunden integraler Bestandteil des Trainingsplans sein.

Gedanken zum Schluss

Ich hoffe, dass die Informationen in diesem Buch für Sie von Nutzen sind. Mein Anliegen ist es, Verständnis dafür zu vermitteln, wie sich Stress auf Hunde auswirkt und welche Strategien Sie einsetzen können, um Disstress bei Hunden zu reduzieren. Sollten Sie Interesse an weiterführenden Studiengängen zu den Themen Verhaltenstherapie bei Hunden, Hundetraining, Fitness und Ernährung haben und über gute Englischkenntnisse verfügen, nehmen Sie bitte Kontakt mit mir in The Companion Animal Sciences Institute unter www.CASInstitute.com auf.

Quellenangaben und weiterführende Studien

- Beaver, Bonnie. (1999). Canine Behavior: A Guide For Veterinarians. W.B. Saunders Company.
- Biology the Easy Way. (1990). Barron's Educational Series Inc.
- Brown, Richard. (2002). An Introduction to Neuroendocrinology. Cambridge University Press. Cambridge.
- Clothier, Suzanne. (1996). Body Posture & Emotions Shifting Shapes, Shifting Minds. www.FlyingDogPress.com.
- Clothier, Suzanne. (1996). The Seven C's A Guide to Training & Relationships. www.FlyingDogPress.com.
- Clothier, Suzanne. (2003). Es würde Knochen vom Himmel regnen. animal learn Verlag, Bernau, 2004.
- Dodman, Nicholas, and Shuster, Louis. (1998). Psychopharmacology of Animal Behavior Disorders. Blackwell Science. Toronto, Canada.
- ICS Learning Systems. (1994). Anatomy and Physiology, Part 1 and Part 2.
- Kalat, James. (2001). Biological Psychology (7th ed.). Wadsworth, Belmont.
- Lindsay, Steven. (2000). Handbook of Applied Dog Behavior and Training volume one. Iowa State University Press.

- Moberg, G.P., and Mench, J.A. (2000). The Biology of Animal Stress Basic Principles and Implications for Animal Welfare. CABI Publishing. Oxon, UK.

- Overall, Karen L. (1997). Clinical Behavioral Medicine For Small Animals. Mosby.

- Rugaas, Turid. (1997). On talking Terms With Dogs: Calming Signals. Legacy By Mail Inc. www.Legacy-By-Mail.com 1-888-876-9364. (Dt. Ausg.: Calming Signals. Die Beschwichtigungssignale der Hunde. animal learn Verlag, Bernau, 2001)

- Strong, Val. (1999). The Dog's Dinner. Alpha Publishing, ISBN: 0-9532814-5-0.

- Strong, Val. (1999). The dog's Brain – A simple Guide. Alpha Publishing, ISBN: 0-9532814-6-9.

- Wood, Deborah. (1999). Help for Your Shy Dog; Turning Your Terrified Dog into a Terrific Pet. Howell Book House. http://biology.miningco.com/science/biology/library/organs/brain/blbrain.htm

- DeNapoli, J. S., Dodman, Nicholas H., Shuster, Louis, Rand, William, Gross, Kathy. (2000). Effects of dietary protein content and tryptophan supplementation on dominance aggression, territorial aggression, and hyperactivity in dogs. Journal of the American Medical Association, 217(4), 504-508.

- Zipern, K. (2005). Feeling Safe and Secure? CUMC Scientists Find It's All in the Cauoputamen. Accessed May 2, 2005 from http://www.cumc.columbia.edu/news/press_releases/Rogan4.21.05.html

Eigene Notizen und Anmerkungen

Der Hyperaktive Hund

Maria Hense

Sie kennen diese Hunde, die scheinbar unbelehrbar an der Leine ziehen, egal, wie oft man mit ihnen schon an einer guten Leinenführigkeit geübt hat? Die jeden Menschen anspringen? Die zu Hause „über die Möbel tanzen“? Die in die Leine beißen und an ihr zerren – oder auch an Herrchens Ärmel hängen? Die auf dem Hundeplatz stören, weil sie herumrasen, buddeln, kläffen und jedes Spielzeug zerstören? Bestimmt haben Sie auch schon einmal gedacht: Was für ein schlecht erzogener Hund! Wenn das meiner wäre, dann...

...hätte ich ihm Manieren beigebracht,
...würde ich das nicht aushalten,
...bekäme er endlich genug Bewegung,
...würde ich einen zweiten Hund anschaffen!

Die Halter und Trainer dieser Hunde wissen, dass es so einfach nicht geht. Sie haben in aller Regel schon viele Dinge ausprobiert, aber so richtig geholfen hat nichts. Maria Hense hat nach Erklärungen und Lösungen für diese Hunde gesucht und ist auf eine Menge Informationen gestoßen, die helfen, hyperaktive Hunde zu verstehen und mit ihnen umzugehen.

Dieses Buch soll den Therapeuten, Trainern und Haltern solcher Hunde eine Hilfestellung sein. Es vermittelt Verständnis für diese besonderen Hunde und gibt außerdem viele Anregungen zum Umgang mit hyperaktiven Hunden. Gleichzeitig erklärt es ausführlich Maßnahmen zur Therapie.

Hardcover, 174 Seiten, mit zahlreichen
farbigen Fotos und Abbildungen
ISBN: 978-3-936188-55-4

Stress bei Hunden

Martina Scholz/ Clarissa v. Reinhardt

mit einem Vorwort von Anders Hallgren

Stress bei Hunden – ein Thema, das immer mehr an Bedeutung gewinnt. Die Autorinnen zeigen in ihrem Buch, dass Stress nicht nur bei Menschen, sondern auch bei Hunden die Lern- und Konzentrationsfähigkeit erheblich beeinflusst und sogar zu Verhaltensauffälligkeiten und Krankheiten führen kann.

Das Buch behandelt u.a. folgende Themen:

- Definition: was ist eigentlich Stress?
- Stressfaktoren – wodurch wird Stress beim Hund ausgelöst?
- Anzeichen und Auswirkungen von Stress
- Möglichkeiten, Stress abzubauen und zu vermeiden

Anhand von Fallbeispielen zeigen uns Martina Nagel und Clarissa v. Reinhardt, wie wichtig der Aspekt Stress im täglichen Umgang mit dem Hund ist und was wir tun können, um Konfliktsituationen zu entspannen oder zu vermeiden.

Hardcover, 152 Seiten, mit zahlreichen Farbfotos und Fallbeispielen
ISBN: 978-3-936188-04-2

animal Learn® VERLAG

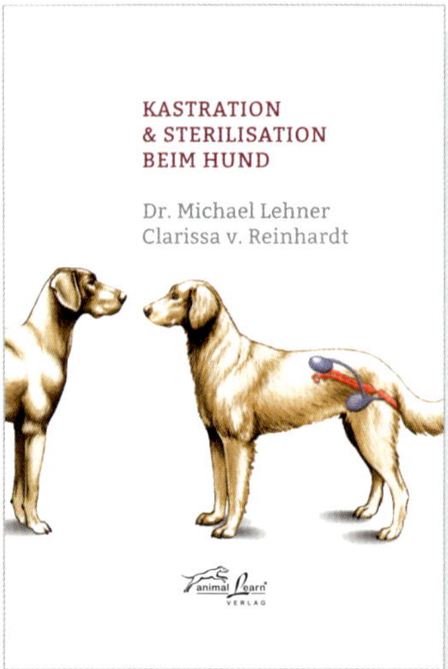

animal Learn® VERLAG

Kastration & Sterilisation beim Hund

Dr. Michael Lehner,
Clarissa v. Reinhardt

Kaum ein Thema wird so kontrovers und emotionsgeladen diskutiert wie das der Kastration/ Sterilisation des Hundes. Während die einen die Unfruchtbarmachung per Operation kategorisch ablehnen und sogar von Tierschutzrelevanz und Gesetzesbruch reden, sind andere felsenfest davon überzeugt, dass dieser Eingriff der einzig wahre ist, wenn es um Geburtenkontrolle oder die Lösung von Verhaltensproblemen geht.

Dr. Michael Lehner und Clarissa v. Reinhardt, die seit mehr als 20 Jahren erfolgreich in der Tiermedizin, der Verhaltenstherapie und dem Tierschutz tätig sind, haben eine Studie zum Thema durchgeführt, deren Ergebnisse hier erstmals veröffentlicht werden und zahlreiche Theorien widerlegen, die in den vergangenen Jahren rund um das Thema Kastration/ Sterilisation aufgestellt wurden.

Weiterhin tragen sie in diesem Buch alle Informationen zum Thema zusammen, um dem interessierten und verantwortungsvollen Hundehalter einen umfassenden Einblick ins Thema zu geben, der die Basis für die Entscheidung pro oder contra Kastration/Sterilisation bilden kann. Dabei erklären sie unter anderem Operationstechniken, Medikationen der sog. chemischen Kastration und der „Spritze danach“ und Gründe für und wider die Kastration in Bezug auf Verhalten und Gesundheit, und vieles mehr.

Hardcover, 136 Seiten, mit zahlreichen
farbigen Abbildungen
ISBN: 978-3-936188-63-9